U0310661

跨平台

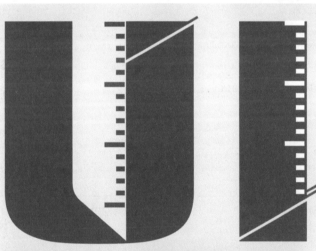

UI

设计宝典

黑马程序员　编著

中国铁道出版社有限公司
CHINA RAILWAY PUBLISHING HOUSE CO., LTD.

内 容 简 介

本教材针对的是已掌握 Photoshop 软件基本工具操作的人群，以既定的编写体例（实例＋项目的形式）巩固对理论知识点的学习。在内容编排上，本书以移动端、PC 端和多媒体终端的 UI 设计作为主线，结合实例的演练和实际项目的操作，让读者更好地体会设计思路、技巧和理念。在内容选择、结构安排上更加符合从业人员职业技能水平提高的要求。书中的每个知识点都融入到实例中，加深读者的理解。

全书共分 11 章，以 Photoshop CC 作为基础操作软件，提供了 14 个精选实例和 3 个综合项目。每个精选实例均有详细的制作步骤，以帮助读者全面、快速掌握知识。全书按照基础—进阶—项目的编写思路，全面、系统、规范性地对 UI 设计的相关知识进行了梳理，实例丰富，实操性强。

本书附有配套视频和实例源文件，并且为了帮助初学者更好地学习本书的内容，还提供了在线答疑，希望得到更多读者的关注。

本书可作为高等院校本、专科相关专业的 UI 设计课程的教材，是一本适合业内人士阅读与参考的读物。

图书在版编目（CIP）数据

跨平台 UI 设计宝典 / 黑马程序员编著 . —北京：中国
铁道出版社，2018.8（2022.12 重印）
ISBN 978-7-113-24556-6

Ⅰ. ①跨⋯ Ⅱ. ①黑⋯ Ⅲ. ①人机界面－程序设计
Ⅳ. ① TP311. 1

中国版本图书馆 CIP 数据核字（2018）第 114949 号

书　　名：跨平台 UI 设计宝典
作　　者：黑马程序员

策　　划：秦绪好　翟玉峰　　　　　　　　　　编辑部电话：（010）83517321
责任编辑：翟玉峰　李学敏
封面设计：王　哲
封面制作：刘　颖
责任校对：张玉华
责任印制：樊启鹏

出版发行：中国铁道出版社有限公司（100054，北京市西城区右安门西街 8 号）
网　　址：http://www.tdpress.com/51eds/
印　　刷：中煤（北京）印务有限公司
版　　次：2018 年 8 月第 1 版　　2022 年 12 月第 8 次印刷
开　　本：787 mm×1 092 mm　1/16　印张：17.5　字数：403 千
印　　数：32 001 ～ 38 000 册
书　　号：ISBN 978-7-113-24556-6
定　　价：68.00 元

前　言

受"互联网+"时代崛起的影响，许多行业纷纷踏入互联网行业。面对竞争日趋激烈的互联网市场，UI设计成为提升用户对产品直观体验的决定因素。界面的美观度、规范化、交互性直接决定了一个公司在用户心中的形象。众多互联网公司对用户界面设计的需求让UI设计成为一个热门岗位。

为什么要学习这本书

尽管UI行业发展迅速，UI设计师需求量激增，但在国内真正高水平的、能充分满足市场需要的UI设计师却为数甚少。由于缺乏对UI设计规范的深入了解、专业技能训练，甚至缺乏项目开发经验，一些UI设计师很难满足企业对UI人才的需求。因此UI设计行业虽然市场前景看似一片光明，但是如不解决本质问题，未来也将岌岌可危。因此我们觉得有必要推出一本全面的、系统的、规范性的UI设计书籍，为UI设计师提供一个良好的学习与交流的资源，帮助UI设计师快速提高自身水平。

如何使用本书

本教材针对的是已掌握Photoshop软件基本工具操作的人群，以既定的编写体例（实例+项目的形式）巩固对理论知识点的学习。在内容编排上，本书以移动端、PC端和多媒体终端的UI设计作为主线，结合实例的演练和实际项目的操作，让读者更好地体会设计思路、技巧和理念。在内容选择、结构安排上更加符合从业人员职业技能水平提高的要求。书中的每个知识点都融入到实例中，加深读者的理解。

全书共分为11章，以Photoshop CC作为基础操作软件，提供了14个精选实例和3个综合项目。每个精选实例均有详细的制作步骤，以帮助读者全面、快速地掌握知识。各章讲解内容介绍如下：

第1章：介绍了UI设计的基础知识，包括UI设计概述、常用的UI设计工具、UI设计流程、UI设计原则等内容；

第2章：介绍移动端UI设计常识，主要包括移动应用平台、移动设备尺寸标准以及移动UI设计规范等内容；

第3章：介绍PC端UI设计常识，包括网页UI设计概述、移动端UI设计和网页UI设计的区别、网页UI设计特点、网页UI设计原则等内容；

第 4 章：介绍图标设计，包括图标类型、图标设计原则、图标设计技巧和设计风格等内容；

第 5 章：介绍移动端界面结构，主要包括栏、导航结构、内容视图、临时视图等内容；

第 6 章：介绍移动端常用控件，主要包括常用控件的介绍以及播放进度滑块设计和登录按钮设计实例解析；

第 7 章：介绍移动端设计适配，包括标注、切图以及使用第三方软件进行标注切图的方法等内容；

第 8 章：介绍网站页面布局和模块设计，包括网站页面布局、网站 logo 设计、网站导航设计、网站 banner 设计等内容；

第 9 章：介绍优选网 App 项目，包括项目概述、原型分析、项目设计定位、设计优化、标注切图等内容；

第 10 章：介绍极速云盘项目，包括项目概述、原型分析、项目设计定位、设计优化、标注切图等内容；

第 11 章：介绍小米电视界面项目，包括项目概述、原型分析、项目设计定位、设计优化、标注切图等内容。

全书按照基础—进阶—项目的编写思路，以基础知识结合实例 + 项目的方式，加深读者对所学知识的记忆。书中涉及图标、控件、界面结构、适配等与 UI 设计相关的内容。读者需要多上机实践，以便熟练掌握 UI 设计技巧。

致谢

本教材的编写和整理工作由传智播客教育科技股份有限公司完成，主要参与人员有吕春林、王哲、姜婷、张鹏、李凤辉、陈亚坤、恩意等，全体人员在这近一年的编写过程中付出了很多辛勤的汗水，在此一并表示衷心的感谢。

意见反馈

尽管我们尽了最大的努力，但教材中难免会有不妥之处，欢迎各界专家和读者朋友们来信来函给予宝贵意见，我们将不胜感激。您在阅读本书时，如发现任何问题或有不认同之处可以通过电子邮件与我们取得联系。

请发送电子邮件至：itcast_book@vip.sina.com

黑马程序员

2018 年 3 月

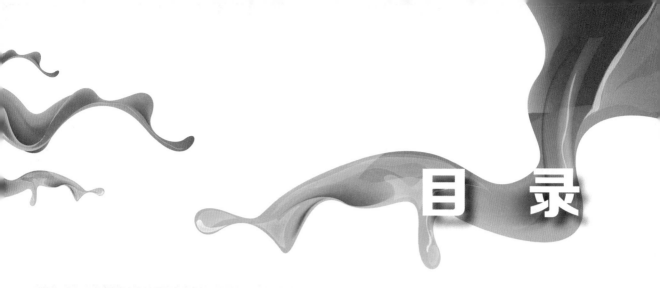

目　录

第1章
UI设计基础

学习目标

了解 UI 设计及其发展史。

熟悉常用的互联网术语，知道它们代表的含义。

理解 UI 设计的原则，能够按照原则要求进行 UI 界面设计。

随着互联网的快速发展，具备人性化意识的产品观念在各大公司之间日趋增强，UI 设计师也迅速进入人们的视野，成为人才市场上十分紧俏的职业，吸引了大量年轻设计师投身其中。然而什么是 UI 设计？UI 设计是如何发展起来的？本章将带领读者了解 UI 设计的相关知识，为后面的学习奠定基础。

1.1 ▶ UI设计概述

说起 UI 设计，很多新人以为 UI 设计只是绘制图标和手机界面。其实，图标只是 UI 设计中的一小部分。一个优秀的 UI 设计师往往兼具图标设计、美术设计、交互设计、网页设计、动效设计等多项技能，涉及移动端、PC 端、多媒体终端等各个领域。本节将针对 UI 设计的基础知识进行详细讲解，带领读者认识 UI 设计。

1.1.1 什么是 UI 设计

从传统意义上来说，UI（User Interface，用户界面）设计是指用户界面的美化设计，但事实上 UI 设计不仅是指"用户与界面"的从属关系，还包括交互设计和用户体验设计。因此 UI 设计是指对软件的人机交互、操作逻辑、界面美观的整体设计。

通常我们接触的 UI 设计种类很多，例如：播放界面、登录界面、穿戴设备界面等都属于 UI 设计，如图 1-1 ～图 1-4 所示。

图 1-1　播放界面

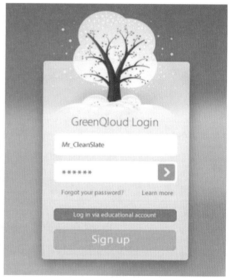

图 1-2　登录界面

图 1-3　iwatch 界面

图 1-4　表型运动手环界面

1.1.2　UI 的发展史

最初的操作界面不是特别友好，只是一个命令行界面，如图 1-5 所示。计算机只是被政府或大型机构使用，普通人完全没有使用能力。

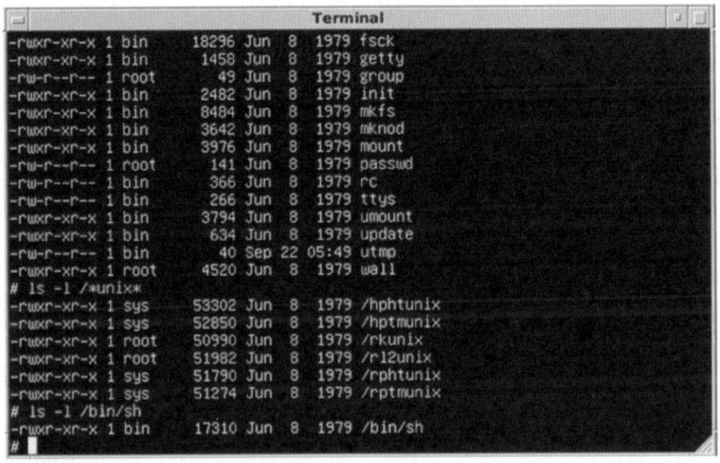

图 1-5　命令行界面

为了便于普通用户操作，1973 年施乐公司在第一台个人计算机——"奥托"界面中使用了桌面比拟（Desktop metaphor）和鼠标驱动的图形用户界面（GUI）技术，UI 设计初具雏形，并被逐渐应用到操作系统中。下面以微软 Windows 界面系统的发展为主线，追溯 UI 的发展历程。

（1）1985 年微软发布了 Windows 1.0 操作系统。系统界面如图 1-6 所示。

（2）Windows 2.0 发布于 1987 年，为人类带来了第一版 Microsoft Word 和 Excel 软件。系统界面如图 1-7 所示。

图 1-6　Windows 1.0 系统界面

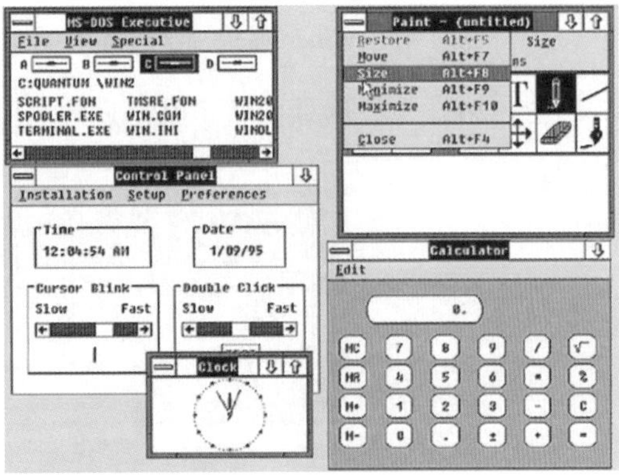

图 1-7　Windows 2.0 系统界面

（3）1991 年的 Windows 3.1 让 Windows 成为 IBM-PC 的标配系统。系统界面如图 1-8 所示。

（4）微软的 Windows 95 让 1995 年成为 PC 历史上的一个里程碑。系统界面如图 1-9 所示。

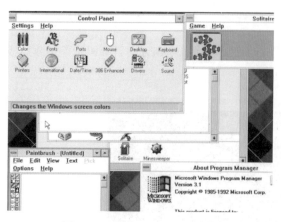

图 1-8　Windows 3.1 系统界面

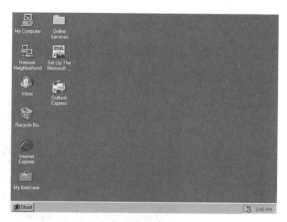

图 1-9　Windows 95 系统界面

（5）1998 年，Windows 98 横空出世，但是界面上并没有太多改观。系统界面如图 1-10 所示。

（6）2000 年发布的 Windows ME 基本上也是 Windows 98 的加强版。系统界面如图 1-11 所示。

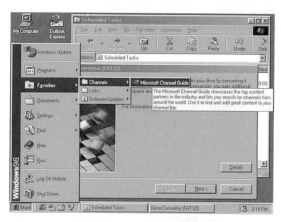

图 1-10　Windows 98 系统界面

图 1-11　Windows ME 系统界面

（7）2001 年，微软发布了 Windows XP，大幅改进了界面设计。系统界面如图 1-12 所示。

图 1-12　Windows XP 系统界面

（8）2006 年，微软发布了 Windows Vista。系统界面如图 1-13 所示。

图 1-13　Windows Vista 系统界面

（9）2007 年，微软发布了 Windows 7，是继 Windows XP 之后用户使用最多的操作系统，从系统平台到界面设计都非常到位。系统界面如图 1-14 所示。

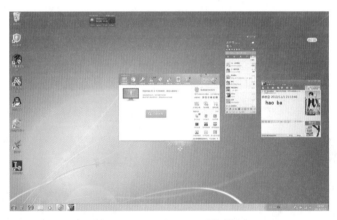

图 1-14　Windows 7 系统界面

（10）2012 年，微软发布了 Windows 8，把我们带到了扁平时代。系统界面如图 1-15 所示。

图 1-15　Windows 8 系统界面

（11）2014 年，微软发布了 Windows 10。系统界面如图 1-16 所示。

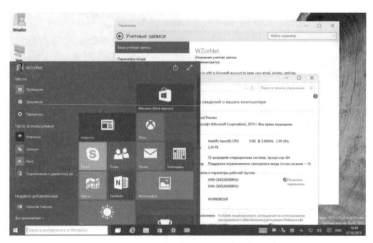

图 1-16　Windows 10 系统界面

1.1.3　UI 设计分类

UI 设计根据所应用到的终端设备可大致分为三类，分别为移动端 UI 设计、PC 端 UI 设计、其他终端 UI 设计。下面针对这三种分类进行详细讲解。

1. 移动端 UI 设计

移动端一般指移动互联网终端，也就是通过无线技术上网接入互联网的终端设备，它的主要功能就是移动上网。在移动互联网时代，终端多样化成为移动互联网发展的一个重要趋势，除了手机之外还包含 Pad、智能手表等。因此移动端 UI 设计的界面也多种多样，如图 1-17 ～图 1-20 所示。

图 1-17　手机界面 1

图 1-18　手机界面 2

图 1-19　Pad 界面

图 1-20　智能手表界面

2. PC 端 UI 设计

PC 即 Personal Computer（个人计算机）的简称。所谓 PC 端 UI 设计主要指用户计算机界面设计，其中包括系统界面设计、软件界面设计、网站界面设计，如图 1-21 ～图 1-23 所示。

图 1-21　系统界面

图 1-22　软件界面

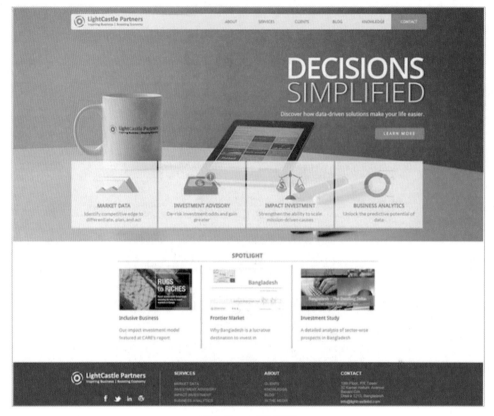

图 1-23　网站界面

3. 其他终端 UI 设计

除了前面所描述的终端设备需要用到 UI 界面设计外，当今市场中还包含许多其他终端设备，同样需要用到 UI 界面设计。例如，智能电视、车载系统、ATM 机等，如图 1-24 ～图 1-26 所示。

图 1-24　智能电视界面

图 1-25　车载系统界面

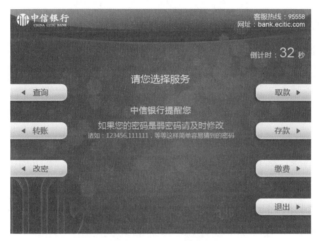

图 1-26　ATM 机界面

1.1.4　UI 设计师必备技能

一个优秀的 UI 设计师，从技能上讲，不仅会绘制图标，还会设计界面，掌握多种多样的交互知识。好的 UI 设计不仅让软件变得有个性、有品味，还能够让软件的操作变得舒适、简单、自由，充分体现软件的定位和特点。通常，UI 设计师需要掌握的设计技能主要包括以下三方面。

1. 视觉设计

视觉设计是针对眼睛功能的主观形式的表现手段和结果。在 UI 设计中，视觉设计不仅仅是做图标、做界面或者界面元素。还应掌握平面构成、色彩构成、版式设计、心理学、美术绘画、设计创意等。

2. 交互设计

交互设计是一种目标导向设计，所有的工作内容都是围绕着用户行为去设计的。通过设计用户的行为，让用户更方便、更有效率地完成产品业务目标。做好交互设计首先要具备良好的逻辑能力，掌握交互设计的原则、不同平台的规范，还应具备产品的视觉感和沟通能力。

3. 用户体验设计

用户体验设计是将消费者的参与融入设计中，力图使消费者感受到美好的体验过程，是基于人机交互、图形化设计、界面设计和其他相关理论进行的设计。完美的体验设计需要设计师掌握可用性原则，具备信息挖掘、数据分析和沟通能力。

1.1.5　UI 设计术语

对于刚刚接触 UI 设计的新人来说，往往容易混淆一些英文缩写术语，分不清它们的概念，本书罗列了一些互联网中常用的英文缩写术语，下面做具体介绍。

1. UI 和 GUI

UI 是 User Interface 的缩写，中文译为"用户界面"。用户界面其实是一个比较广泛的概念，指人和机器交互过程中的界面，例如，计算机界面、智能电视界面甚至汽车仪表盘等都属于用户界面。

GUI 是 Graphic User Interface 的缩写，中文译为"图形用户界面"。所以 GUI 设计是指对图形用户界面的视觉设计，一般指从事手机移动端界面的设计师。但在互联网行业中一般把屏幕上显示的图形用户界面都简单称为 UI，所以现在一般所说的 UI 设计师，即是指 GUI 设计师（即图形界面设计师）。

2. UE、UX 和 UED

UE 或 UX 都是 User Experience 的缩写，中文译为"用户体验"。用户体验指用户在使用产品过程中的个人主观感受，需要关注用户使用前、使用过程中、使用后的整体感受。通俗地讲 UE 就是指用户用的"爽不爽"。

UED 是 User Experience Design 的缩写，中文译为"用户体验设计"。用户体验（UE）是用户个人主观感受的反馈，而用户体验设计（UED）旨在提升用户使用产品的"舒适度"。互联网企业中，一般将视觉界面设计，交互设计和前端设计都归为用户体验设计。但实际上用户体验设计贯穿于整个产品设计流程中。

3. ID、IxD 和 UCD

ID 是 Interaction Design 的缩写，中文译为"交互设计"，通常指工业中的交互设计。在互联网中，为了区别于工业设计，将其变为"IxD"特指人机界面的交互设计。通俗地讲 IxD 就是指用户操作是否顺手。

UCD 是 User-Centered Design 的缩写，中文译为"以用户为中心的设计"。UCD 是一种设计模式、思维，强调在产品设计过程中，从用户角度出发来进行设计，遵循用户优先的原则。

1.1.6　互联网公司岗位架构

对于从事互联网行业的 UI 设计师来说，了解互联网公司的各个岗位职责是非常重要的。互联网公司架构通常由产品经理、项目经理、交互设计师、UI 设计师、前端工程师、后端程序师等构成。工作紧密相连，一环套一环。只有清晰认识到各个岗位的相关职责，才能知道工作中哪些岗位和 UI 设计师息息相关，方能更好地与之沟通和工作协作，如图 1-27 所示。下面介绍互联网公司的常见架构。

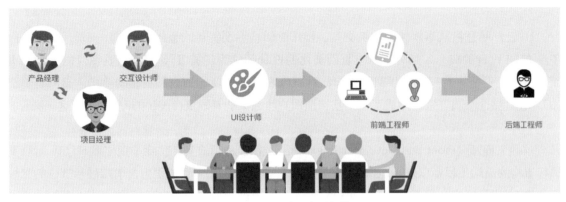

图 1-27　互联网公司架构

1. 产品经理

产品经理主要负责产品从无到有的企划，通过产品规划、市场分析、竞品分析、迭代规划等对新产品进行策划，同时负责新产品实现过程中的进度质量把控和各个部门的协调工作。

在新产品实现过程中，产品经理是项目带头人，是协调员，是鼓动者，但他并不是老板。作为产品经理，虽然针对产品开发本身有很大的权力，可以对产品生命周期中的各阶段工作进行干预，但从行政上讲，并不像一般的经理那样有自己的下属，但他又要调动很多资源来做事，因此如何做好这个角色是需要技巧的。

2. 项目经理

项目经理是项目策划、实施和执行的总负责人，这个职位很多公司一般由产品经理兼顾，主要负责项目进度的把控和项目问题的及时解决。

3. 交互设计师

交互设计师的主要任务是设计产品原型（即"线框图"），斟酌页面上的元素是否合适，页面之间的跳转是否符合逻辑。在工作中，交互设计师是和 UI 设计师直接对接的岗位，当交互设计师完成原型图设计之后会交给 UI 设计师，进行界面的美化。在实际工作中，很多公司并没有细分交互设计师的岗位，原型图通常会由产品经理进行绘制。图 1-28 所示为交互设计的 App 线框图。

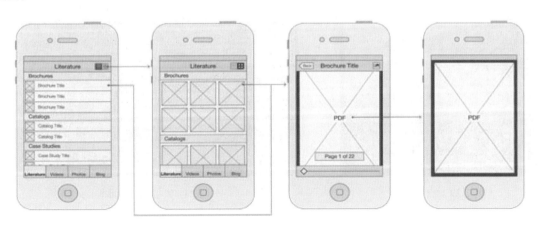

图 1-28　App 线框图

4．UI 设计师

UI 设计师是指从事软件的人机交互、操作逻辑、界面美观的整体设计工作人员。早期国内还没有 UI 设计的概念，那时将从事页面美化的设计师称为"美工"，只是负责图片的处理和页面的美化。但是随着国内互联网的兴起，对职位职能有了新的划分和更高的要求，逐渐将美工和 UI 设计概念分离开来，形成了懂交互、懂用户体验又能兼顾页面美化的 UI 设计师这一岗位。

5．前端工程师

前端工程师（Front-End Developer Engineer）是很多称谓的集合。除了指使用 HTML 对页面进行重构的前端工程师以外，还指 iOS 工程师和 Android 工程师等负责包含前端展示部分的工程师。当 UI 设计师完成界面设计后即可交付前端工程师进行页面动态交互效果的制作。

6．后端工程师

后端工程师的主要职责是利用编程语言。如 PHP、Java 等完成服务器端的交互工作。值得一提的是，这类工程师一般和 UI 设计师交集较少。

1.2 ▶ 常用的UI设计工具

"工欲善其事，必先利其器"，要做一个优秀的 UI 设计师离不开一些强大的 UI 设计利器。在UI设计中,常用工具可分为设计型工具和辅助型工具两大类,本节将对这两类工具做具体介绍。

1.2.1 设计型工具

设计型工具是指从事 UI 设计必备的工具，常见的工具有 Photoshop、Illustrator、Axure RP、After Effects 等，下面对这些工具做具体介绍。

1．Photoshop

Photoshop 是 Adobe 公司旗下的图像处理软件之一。它提供了灵活便捷的图像制作工具，强大的像素编辑功能，被广泛运用于数码照片后期处理、平面设计、网页设计以及 UI 设计等领域。图 1-29 和图 1-30 所示为该软件的启动界面和工作界面。

图 1-29　启动界面　　　　　　　　图 1-30　工作界面

2．Illustrator

Illustrator 是由 Adobe 公司开发的一款矢量图形制作软件。一经推出，便以强大的功能和人性化的界面深受用户欢迎，被广泛应用于出版、多媒体等领域。通过 Illustrator 可以轻松地制作出各种形状复杂的矢量图形和文字效果，同时在 App 设计中，其应用也相当广泛。图 1-31 和图 1-32 所示为该软件的启动界面和工作界面。

图 1-31　启动界面

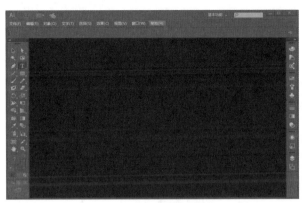

图 1-32　工作界面

3. Axure RP

Axure RP 是一个专业的快速原型设计工具。运用 Axure RP 能够让负责定义需求和规格、设计功能和界面的 UI 设计师快速创建应用软件或 Web 网站的线框图、流程图、原型和规格说明文档。作为专业的原型设计工具，它能快速、高效地创建原型，同时支持多人协作设计和版本控制管理。图 1-33 所示为 Axure RP 图标。

图 1-33　Axure RP 图标

4. After Effects

After Effects 简称"AE"，是 Adobe 公司推出的一款图形视频处理软件，适用于从事设计和视频特技的机构，包括电视台、动画制作公司、个人后期制作工作室以及多媒体工作室。在 UI 设计中 After Effect 主要用于一些界面动效设计，例如天气动画、软件启动界面动画等。图 1-34 所示为 After Effect 的启动界面。

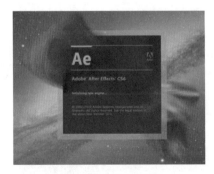

图 1-34　启动界面

1.2.2　辅助型工具

在 UI 设计中使用辅助型工具可以提高工作效率，具有简单、快捷、易操作等特点。常见的辅助工具有 PxCook 和 Mark Man，下面将对这两种工具进行详细讲解。

1. PxCook

PxCook 中文译为"像素大厨"，是一款集切图和标注功能于一身的软件。PxCook 支持 PSD 文件的文字、颜色、距离自动智能识别以及长度、颜色、区域、文字的注释。图 1-35 所示为 PxCook 的图标。

2. Mark Man

Mark Man 中文译为"马克鳗"，是一款专门用于设计稿标注和测量的工具，极大地节省了设计师在设计稿上添加和修改标注的时间，让 UI 设计工作变得更加简单。图 1-36 所示为 Mark Man 图标。

图 1-35　PxCook 图标

图 1-36　Mark Man 图标

1.3 ▸ UI设计流程

UI 设计的过程是思维发散的过程，一般遵循一定的设计流程。在实际工作中，设计流程并不是绝对的。有的流程可能会被跳过或忽略，如调研与讨论；有的流程会反复停留，如修改与扩展。本节通过讲解 UI 设计的流程为读者提供一个关于设计流程的思路，为日后的设计工作奠定基础。

1. 视觉风格的定位调研工作

在接到交互设计的原型图后，不要盲目地进行设计。需要对产品面向的客户群做一个用户视觉风格喜好的调研，充分了解产品定位，通过分析目标用户的喜好风格，从而确定视觉设计的方向。例如，产品定位是大气有品位格调还是个性张扬的格调，如图 1-37 和图 1-38 所示。

图 1-37　大气有品位格调

图 1-38 个性张扬格调

2. 视觉风格提案和深化设计

当做好视觉调研之后，进行视觉风格分析，并提出几套设计方案和样图展示，供团队选择。然后按照选择的某一套提案，对全部页面进行设计。

3. 视觉规范手册

根据最终的设计结果，完成视觉规范手册的制作。规范手册既可以是 PPT，也可以是 Word 文档。规范手册通常会标注页面模块字、字号、颜色值、尺寸等参数，便于前端工程师着手进行后续页面制作的工作。图 1-39 所示为规范手册中设置页面规范的截图。

图 1-39 设置页面规范

4. 交互动效制作

交互动效制作是指将设计好的页面运用 Axure 等软件制作动态交互效果。

5. 切图并协助制作页面

切图是指把效果图中有用的部分剪切下来作为页面制作时的素材。当切图完成之后，就可以配合开发团队制作实际页面效果，保证视觉效果高度还原及小细节修改。

1.4 UI设计原则

UI设计师想要减少改稿次数，拒绝产品经理一些"无聊"的需求，首先要学会遵循设计原则，不靠感觉做设计，这样就能极大地提高稿件的通过率。在进行UI设计时，一般要遵循如下四个基本原则。

1. 清晰的界面

清晰的界面是指用户在足够清晰的界面环境中能够轻松操作，产品逻辑清晰，用户体验良好。这也就要求设计师在设计时必须坚持"设计是服务于产品的"这一原则。或者说设计就是为了解决产品上碰到的问题而发挥作用的。

试想如果用户打开一个页面或者App，无从下手，不知点哪里。或者用户找个想要的功能按钮都要找好长时间，那这个产品基本已经被用户摒弃，这个时候界面设计再漂亮美观也没用。

2. 高效的操作

随着移动设备越来越先进，用户可以直接在屏幕上操作对象。例如，通过手指捏合的方式来放大缩小图片或文字，通过上下滑动屏幕浏览界面内容等，如图1-40所示。这时就要求UI设计师在设计界面时化繁为简，摒弃一些闲置按钮或滑块的设计，减少交互层级，提高操作效率。

3. 设计的统一

在UI设计中，统一界面的设计风格是整个UI设计流程中非常重要的一环。统一风格在UI设计中主要表现为操作流程的一致、色调一致、视觉风格一致，控件尺寸一致等。统一风格的设计能够带来良好的用户体验，避免了界面的差异化带给用户不舒适的感觉。图1-41所示为未统一风格和统一风格按钮的对比。

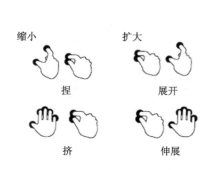

图1-40 手势操作

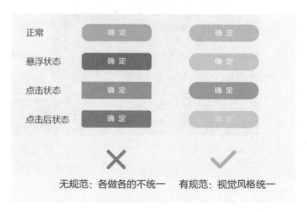

图1-41 设计的统一

4．美观的设计

在 UI 设计中颜色搭配是否和谐、图标设计是否精致、结构布局是否清晰、视觉尺寸是否统一、设计风格是否符合产品的定位等都属于美观的设计，如图 1-42 所示。漂亮美观的界面设计是提升用户体验和激发用户共鸣的一个重要手段，因此更要求设计师具有良好的美术功底和主观能动性的创造力。

图 1-42　美观的 UI 设计界面

1.5　UI设计要素

在进行 UI 设计时，往往需要设计师对 UI 设计要素进行整体把控，才能设计出优秀的设计作品。在 UI 设计要素中设计风格和色彩搭配尤为重要，本节将对这两种设计要素进行详细讲解。

1.5.1　设计风格

设计风格可以理解为美的不同视觉表现形式。在 UI 设计中，统一设计风格能给用户呈现整体一致的视觉体验，既有利于传达产品整体的品牌形象，又方便设计团队制定设计规范，减少设计风格不一致带来的沟通成本。因此确定设计风格往往是 UI 设计的第一步工作。确定设计风格主要包括以下几个步骤。

1．寻找产品特性

每个产品都有自己的特性，表现产品特性的词汇也有很多，例如柔美、轻巧、阳刚、张扬、热情、神秘、高贵、环保、科技、时尚等，每个产品特性都会有着对应的视觉语言。例如，图 1-43 所示为某发型设计 App 的部分展示页面。

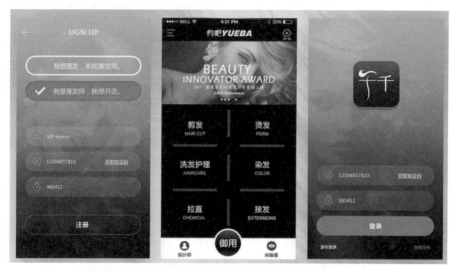

图 1-43　发型设计 App 界面

该款 App 整个界面采用灰黑色调，区别于五光十色的大众发廊形象，彰显高端品位。

2. 确定主色调

在进行 UI 设计时，必须为产品确定一个主色调，然后根据主色调搭配不同的辅助色，设计各种颜色控件。主色调是视觉风格中的灵魂，更是一种可以强化的视觉识别信号，让用户只通过主色调就能识别产品的特性。例如，食品类 App 界面大多使用红色、橙色、黄色等暖色系颜色作为主色调，如图 1-44 所示。

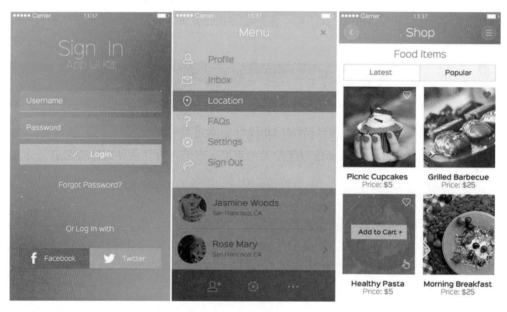

图 1-44　食品类 App 界面

3. 选择图标和字体

在 UI 设计中，设计风格还反映在图标和字体的选择上。例如，纤细的图标和字体显得设计高雅适用于高端类产品,而卡通图标和字体更适用于少儿类型产品的界面设计。然而困扰设计师的是移动端系统自带的中文较少,而且没什么特色。因此内嵌字体成为一些追求完美的设计师的首选。

4. 排版设计

排版设计是指在有限的版面空间,将 UI 设计元素按照所要表现的设计风格进行编排组合,形成一个富有艺术美的整体形象,如图 1-45 所示。

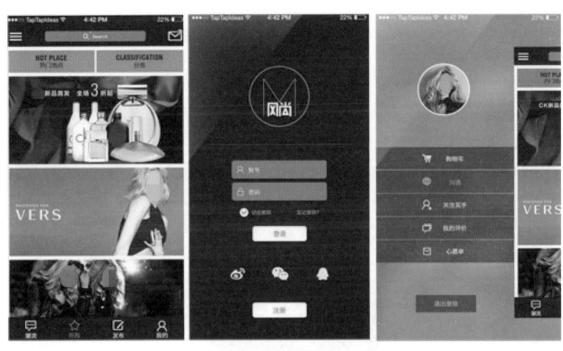

图 1-45　排版设计

1.5.2　设计色彩

色彩是 UI 设计中一个很重要的元素,作为最直观的视觉信息,无时无刻不影响着用户的体验。下面将具体介绍色彩的基础知识和搭配方法。

1. 认识色彩

在 UI 设计中,色彩可以归纳为四种,分别为主色、背景底色、辅助色和点缀色,具体介绍如下。

1)主色

主色指设计时的主要颜色,包括大面积的背景色、装饰图形颜色等构成视觉中心的颜色。主色是配色中的中心色,主要是由页面中整体栏目或中心图像所形成的中等面积的色块,主色在页面配色中具有重要地位,通常形成视觉中心。主色的选择通常有两种方式,一是选择与背景底色呈对比的色彩,二是选择与背景底色、辅助色相近的色相颜色或者邻近色。

主色是决定画面风格趋向的色彩,主色有可能不仅仅只是一种颜色。主色的选择过程称为定色调,它的成败直接影响到视觉传达的效果,还会影响到使用者的情绪。因此确定主色是设计中非常关键的一步。

2）背景底色

背景底色对界面整体空间效果的影响比较大，由于占据的面积最大，支配着整个空间的效果，所以是配色的重点。背景底色常使用的颜色主要包括白色、浅灰色等。

3）辅助色

页面中除了具有视觉中心作用的主色之外，还有作为呼应主色而产生的辅助色，辅助色的作用是使画面更完美更丰富。辅助色的视觉重要性和体积仅次于主色和背景底色，常常用于陪衬主色，使主色更突出。辅助色常用于页面中较小的元素，如按钮等。

4）点缀色

点缀色通常用来打破单调的页面整体效果，营造生动的空间氛围。所以选择较鲜艳的颜色，常以对比色或高纯度色彩加以表现。点缀色的应用面积越小，色彩越强，点缀色的效果才会越突出。点缀色通常在色彩组合中占据的面积较小，视觉效果较为醒目，主要用在提示性的小图标或者需要重点突出的图形中。

图 1-46 所示的 App 页面中，蓝色为主色，浅灰色为背景底色，插图颜色为辅助色，红色为点缀色。

图 1-46　色彩划分

2. 颜色分类

颜色分类方式有很多种，但是在 UI 设计中，往往更注重受众的感受，会根据受众的心理感受，将颜色分为暖色调、冷色调以及中性色调。

1）暖色调颜色

暖色包含红色、橙色、黄色以及这三种颜色衍生的同类色。它们分别是烈焰、落叶以及日出和日落的颜色，象征活力、激情和积极。在 UI 设计中，通常使用暖色来体现激情、快乐、热忱和活力的主题内容。

（1）红色：是热烈、冲动、强有力的色彩。红色可以传达有活力、积极、热诚、温暖、前进等含义的主题形象与精神，此外红色也常用来作为警告、危险、禁止等标识用色。在 UI 设计中，红色是一种很重的色彩，如果在设计中使用过多，会产生一种压倒性的感官效果，尤其是使用纯红色时。如果设计师想在设计中添加力量和激情的感觉，红色就是一种非常不错的颜色。图 1-47 所示的食品网站，就选用的是红色。

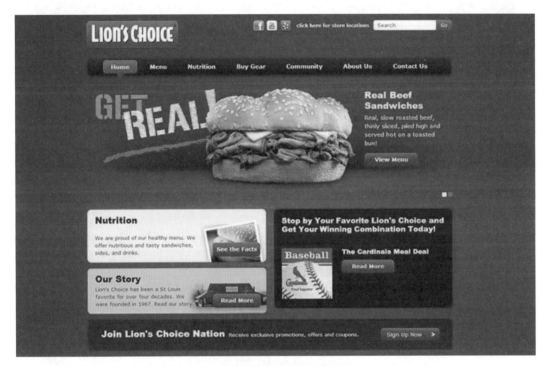

图 1-47　红色色调食品网站

（2）橙色：是一种充满生气和活力的颜色。橙色象征着收获、富足和快乐。在 UI 设计中，橙色不像红色那样强烈，但也能获取观众的注意力。

（3）黄色：是最明亮、最具活力的暖色。黄色象征着快乐、希望，此外黄色也用来象征虚伪、欺骗。

2）冷色调颜色

冷色调颜色包含青色和蓝色。相对暖色调而言，冷色调强度要弱。通常给人感觉是舒缓、放松，甚至有一点冷淡。

（1）青色：是坚实、强硬的冷色调颜色，介于蓝色和绿色之间，图 1-48 所示的某品牌啤酒网站，就使用青色作为主色调，象征着沉稳、踏实。在 UI 设计中，青色适于表现深沉、可靠的感觉。

（2）蓝色：是一种安静的冷色调颜色，象征着沉稳和智慧。因此一些科技类的企业网站通常使用蓝色作为主色调。图 1-49 所示为某电器企业网站，该网站使用蓝色作为主色调。

图 1-48　青色色调啤酒网站

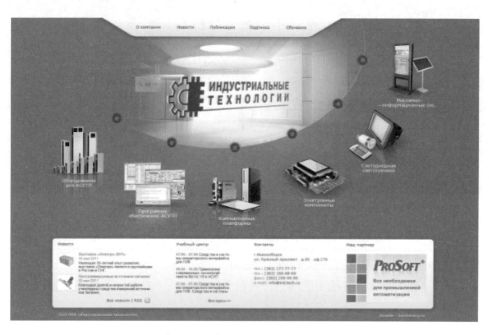

图 1-49　蓝色色调电器类企业网站

3）中性色调

中性色通常用作设计作品的背景色。包含黑色、白色、灰色、绿色和紫色五种颜色。在 UI 设计中，中性色的含义以及给人的心理感受容易受到周围暖色和冷色的影响。

（1）黑色：作为设计中使用最广泛的颜色之一，黑色象征着权威、高雅、低调和创意，此外也象征着执着、冷漠和防御，是设计中的百搭颜色。图 1-50 所示为某单车企业网站，其主色调为黑色。

图 1-50　黑色色调单车网站

（2）白色：同样是设计中使用最广泛的颜色之一，象征着纯洁、神圣、善良。此外白色还象征着恐怖和死亡。在 UI 设计中，通常用白色作为主色调，配合大范围的留白彰显格调，图 1-51 所示为某艺术类网站，整个网站使用白色作为主色调。

图 1-51　艺术类网站

（3）灰色：是一种理性高雅的颜色，象征着诚恳、认真、沉稳、严谨。在 UI 设计中，灰色和黑色、白色一样，同样是使用最广泛的颜色，是设计中的百搭色。

（4）绿色：是给人安全感的颜色，象征着自由、和平、新鲜、生命、健康。在 UI 设计中，绿色常作为安全杀毒软件，或环保健康类界面的主色调，如图 1-52 所示。

图 1-52　杀毒软件界面

（5）紫色：是一种高贵的颜色，象征着神秘、奢华和浪漫。在 UI 设计中，深紫色给人一种富有和奢华的感受，如图 1-53 所示，浅紫色则更多让人想到春天和浪漫，如图 1-54 所示。

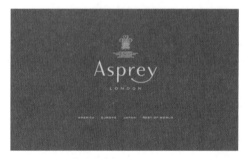

图 1-53　深紫色 UI 界面　　　　　　　　　　图 1-54　浅紫色 UI 界面

3. 颜色搭配基础

在 UI 设计中，如果对色彩搭配没有把握，可以参考以下三种方法。

1）参考同类界面设计

根据产品所涉及的行业、风格和定位去寻找同类型界面的色彩搭配组合。如科技风一般采用蓝、白、灰为主；女性主题经常以粉色、紫色或柔和的米色为主；美食类主题多以橙色或黄色为主，如图 1-55 所示。

2）三色搭配原则

三色搭配原则是指在设计作品中，单个界面的颜色应保持在三种以内（这里的颜色指色相）。如果超过三种，就会产生眼花缭乱的感觉。

科技风　　　　　　　　　女性主题　　　　　　　　　美食类

图 1-55　UI 界面风格

3）借助配色软件

如果觉得上述方法无法满足需求，还可通过配色网站进行配色，通过这种方法获得的色彩组合都符合色彩搭配规范，省时省力。例如，Color Scheme Designer 3、Colour Lovers 等都是一些非常实用的配色利器。图 1-56 所示为 Color Scheme Designer 3 的截图界面。

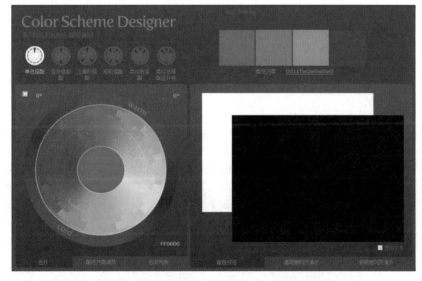

图 1-56　Color Scheme Designer 3 界面截图

1.5.3 设计字体

在 UI 设计中，字体可以很直观地彰显设计风格，是 UI 设计中的重要元素。因此理解字体设计方式对 UI 设计师来说非常关键。下面将对字体的基础知识做具体讲解。

1. 字体基本术语

在排列字体时，有一些描述字体之间距离、大小的标准术语。例如"基线""行距"等，这些术语分别表示字体排列的位置和距离，具体如图 1-57 所示。

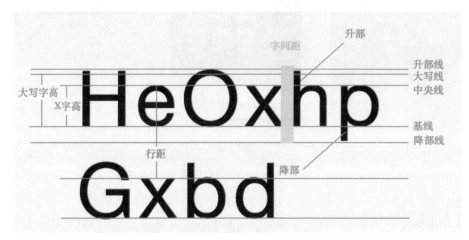

图 1-57　字体基本术语

注意：

"X 字高"在排印学中是指字母的基本高度，但是在设计领域中代表一个字体的设计因素，因此在一些场合字母 X 本身并不完全等于 X 字高。

2. 衬线字与非衬线字

字体分为两大类，即衬线字（Serif）和非衬线字（Sans-Serif），具体介绍如下。

1）衬线字

衬线字是指在字的笔画开始及结束的地方有额外的装饰，而且笔画的粗细会因直横的不同而有所不同，如图 1-58 所示。衬线字较易辨识，因此具有较高的易读性，通常用在界面内容较多页面中。

图 1-58　衬线字

2）非衬线字

非衬线字没有这些额外装饰,而且笔画粗细大致差不多,如图 1-59 所示。非衬线字则较醒目。通常需要强调、突出的小篇幅文字一般使用非衬线字。

图 1-59　非衬线字

3. 字体排版

在 UI 设计中,优秀的文字排版可以使文字内容能够简单且清晰地展现出来,使读者更容易阅读。在进行字体排版时,往往要注意以下几个方面。

1）字重

字重是指字体笔画的粗细。在 UI 设计中,当设计师设置更大的字体来获得更好的可读性的同时,也应减轻字体的字重,使字体不会太过醒目,从而不影响其他内容的显示效果。

一般当字体大小为 12~18 px 时,使用 Regular, 18~24 px 时,使用 Light, 24~32 px 时,使用 Thin,当字体大小超过 32 px 时,建议使用 Ultralight。当然以上都是建议值,在实际运用中,设计者应该根据不同字体的显示效果进行设定,使读者保持良好阅读体验。

2）行距

行距是指从一行文字的底部到另一行文字底部的间距。在 Word 中行距是指设置文本行与行之间的距离。合理的行距,能给文字留下更多的呼吸空间,给读者更好的阅读体验。

一般行距应该设置为字体大小的 120% ～ 145%。

3）行长

行长指单行文字的长度,如果一行中包含的字数太多,文本内容将会很难阅读。通常英文字符一般在 45 ～ 90 字比较适宜,而中文在 35 ～ 60 字为宜。合理的行长使用户在行间跳转时感到非常轻快和愉悦,反之则会使阅读成为一种负担。

4）字体样式

字体样式是指对字体进行一些改变,包括颜色、大小、下画线、斜体、粗体等。一般在文字内容中,字体样式主要用于强调标注的文本,因此被修饰的文本不应超过整个文本的 10%,并且同一界面中使用的字体样式不应该超过三种。

第2章
移动端UI设计常识

学习目标

了解什么是移动应用平台。

熟悉移动设备的尺寸标准，能够区分它们的含义。

掌握移动端 UI 设计规范，熟悉 iOS 系统和 Android 系统的差别。

在互联网迅猛发展的时代，高智能、高配置的移动设备成为各大互联网公司新的发展方向。和 PC 端 UI 设计相比，移动端的 UI 设计工作，对很多设计师来说是一个崭新的领域，一些 UI 设计新人面对移动端复杂的尺寸规范往往无从下手。本章将从移动端 UI 设计的基础知识入手，带领大家熟悉移动 UI 设计的一些基本规范。

2.1 ▸ 移动应用平台

移动应用平台可以简单理解为移动设备中的操作系统，是安装各种移动应用程序的一个载体。目前市面上常见的操作系统有 iOS 系统、Android 系统、Winphone 系统、黑莓系统等，但是与 UI 设计师更为密切的是 iOS 系统和 Android 系统。

1. iOS 系统

iOS 系统是由美国苹果公司开发的移动设备操作系统。苹果公司最早于 2007 年 1 月 9 日的 Macworld 大会上公布这个系统，它最初是为 iPhone 设计的，后来陆续套用到 iPod touch、iPad 等苹果移动产品上。下面我们回顾一下它的发展历程。

1）iPhone OS

在 2007 年 6 月发布，该版本非常简单，不能更换铃声、壁纸，甚至没有 App Store。

2）iPhone OS 2

在 2008 年 7 月发布，苹果公司首次推出 App Store，这是 iOS 历史上的一个重要里程碑，它的出现开启了 iOS 和整个移动应用时代。

3）iPhone OS 3/ iOS 3

在 2008 年 7 月发布，该版本增添了许多新的功能，例如剪切、复制、粘贴、Spotlight 搜索以及语音控制等。并且宣布出现"更大的 iPhone"时，"OS 3"会被命名为"iOS 3"。

4）iOS 4

在 2010 年 6 月发布，该版本最大的更新是多任务的处理，当用户点击 Home 键后，当前程序依然会在后台运行。双击 Home 键，用户就可以在应用程序之间快速切换。

5）iOS 5

在 2011 年 10 月发布，该版本推出了 Siri 作为用户的虚拟助手。

6）iOS 6

在 2012 年 6 月发布，该版本最大的改变就是放弃谷歌地图，使用苹果公司自主研发的地图。

7）iOS 7

在 2013 年 6 月发布，该版本重新采用了扁平化的界面设计风格，并推出了指纹解锁功能。

8）iOS 8

在 2014 年 9 月发布，该版本在视觉上延续了扁平化的设计风格。同时结束了对系统的完全封闭，用户可以通过第三方 App 添加自己的通知中心小部件，并且更容易地访问照片库。

9）iOS 9

在 2015 年 6 月发布，该版本主要集中在性能和稳定性上的改进。同时发布了全新的字体 San Francisco 和苹方。

10）iOS 10

在 2016 年 9 月发布，在该版本中，Siri 终于向开发者开放了，可以直接控制第三方应用。

11）iOS 11

在2017年9月发布,在该版本中增加了一些特定功能。如新增了二维码扫描、诈骗短信识别、拼音键盘以及上海话语音识别。

2．Android 系统

Android是一种基于Linux的自由及开放源代码的操作系统，主要应用于移动设备，如智能手机和平板电脑。目前尚未有统一中文名称，在中国一般被称作"安卓"。因为系统的开放性和移动设备的快速普及，Android在2017年3月首次超越Windows，成为消费者接入互联网使用最广泛的操作系统，图2-1所示为Statcounter监测数据。

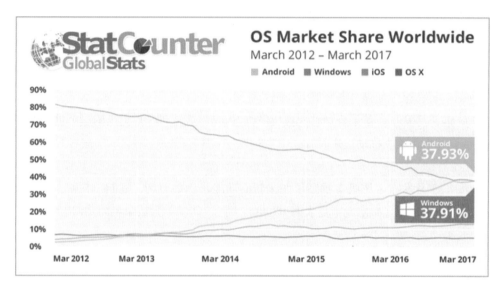

图 2-1　Statcounter 监测数据

1）Android 1.0

2008年4月发布，当时谷歌发布的Android 1.0系统并没有被外界看好，甚至有言论称最多一年谷歌就会放弃Android系统。

2）Android 1.5

2009年4月发布，从Android 1.5版本开始，谷歌将Android的版本以甜品的名字命名，Android 1.5命名为Cupcake，中文翻译为"纸杯蛋糕"，该版本最突出的功能就是虚拟键盘。

3）Android 1.6

在2009年9月发布，Android 1.6命名为Donut，中文翻译为"甜甜圈"，该版本能够支持更多类型的屏幕分辨率。

4）Android 2.0~2.1

Android 2.0在2009年10月发布，Android 2.0~2.1统称为Eclair，中文翻译为"泡芙"，该版本重新设计了用户界面，并且支持HTML5。

5）Android 2.2

2010年5月发布，Android 2.2命名为Froyo，中文翻译为"冻酸奶"，该版本中系统性能有了大幅度提升，并增加了 3G 网络共享功能。

6）Android 2.3

2010 年 12 月发布，Android 2.3 命名为 Gingerbread，中文翻译为"姜饼"，该版本中系统性能有了大幅度提升，并增加了 3G 网络共享功能。该版本中进一步简化了界面，提升了系统的运行速度。

7）Android 3.0

2011 年 2 月发布，Android 3.0 命名为 Honeycomb，中文翻译为"蜂巢"，该版本是第一个 Android 平板。

8）Android 4.0

2011 年 10 月发布，Android 4.0 命名为 Ice Cream Sandwich，中文翻译为"冰淇淋三明治"，该版本统一了手机和平板电脑的使用系统。

9）Android 4.1~4.3

Android 4.1 在 2012 年 6 月发布，Android 4.1 命名为 Jelly Bean，中文翻译为"果冻豆"，该版本引入了语音助手"Google Now"。Android 4.2 和 4.3 两个版本继续沿用了"果冻豆"这一名称。

10）Android 4.4

2013 年 9 月发布，Android 4.4 命名为 KitKat，中文翻译为"奇巧巧克力"，增加了屏幕录像功能。

11）Android 5.0

2014 年 6 月发布，Android 5.0 命名为 Lollipop，中文翻译为"棒棒糖"，该版本加入了五彩缤纷的颜色、流畅的动画效果，呈现出一种清新的风格。

12）Android 6.0

2015 年 5 月发布，Android 6.0 命名为 Marshmallow，中文翻译为"棉花糖"，该版本加入了指纹识别功能。

13）Android 7.0

2016 年 5 月发布，Android 7.0 命名为 Nougat，中文翻译为"牛轧糖"，该版本增加了许多实用功能，例如分屏多任务、全新设计的通知控制栏等。

2.2　移动设备尺寸标准

在日常生活中，大家都会接触到许多移动设备，如手机、平板电脑等，同时也会见到说明书上的一些参数配置，如图 2-2 所示。然而什么是英寸？分辨率指的是什么？它们和屏幕密度有什么关系？本节将对移动设备常见尺寸标准做具体介绍。

触摸屏类型	电容屏，多点触控
主屏尺寸	5.2英寸
主屏分辨率 ⓘ	1920x1080像素
屏幕像素密度	424ppi
屏幕技术	超灵敏触摸，In-Cell全贴合技术

图 2-2　Android 移动设备配置

2.2.1　英寸

英寸（inch）是电子设备的长度单位。显示设备通常用英寸来表示大小，例如 14 英寸笔记本电脑、50 英寸液晶彩电等。英寸指的是屏幕对角的长度，图 2-3 所示为 5.5 英寸 iPhone 6 Plus 屏幕。

在手机屏幕中，同样会使用英寸这一单位，目前市面上常见的手机屏幕有 4 英寸（iPhone 5）、4.7 英寸（iPhone 7）、5.5 英寸（iPhone 7 Plus）等几个尺寸。虽然英寸是屏幕常用的长度单位，但在实际生活中大多还是习惯使用厘米（cm）这个单位，二者的换算关系如下：

图 2-3　5.5 英寸 iPhone 6 Plus 屏幕

1 英寸（inch）=2.54 厘米（cm）

2.2.2　像素

像素（Pixel）的全称为图像元素，缩写为 px，是用来计算数码影像的一种单位，如同摄影的相片一样。数码影像也具有连续性的浓淡阶调，若把影像放大数倍，会发现这些连续色调其实是由许多色彩相近的小方点所组成，这些小方点就是构成影像的最小单位，即像素，如图 2-4 所示。

图 2-4　像素

2.2.3　分辨率

分辨率是相对于像素而言的，指的是屏幕显示的像素数量。一般用屏宽像素数乘以屏高像素数来表示。例如，iPhone 7 的屏幕分辨率为 750×1334 像素，就是说 iPhone 7 的屏幕是由 750 列和 1334 行的像素点排列组成的。

在相同屏幕尺寸中，如果像素点很小，那画面就会清晰，称之为高分辨率，如果像素点很大，那画面就会粗糙，称之为低分辨率。例如，iPhone 4 和 iPhone 3GS 都是 3.5 英寸，但是 iPhone 4 的分辨率是 640×960 像素，iPhone 3GS 的分辨率为 320×480 像素。因此前者的显示效果会更加清晰，图 2-5 所示为 iPhone 4 和 iPhone 3GS 的分辨率对比图。

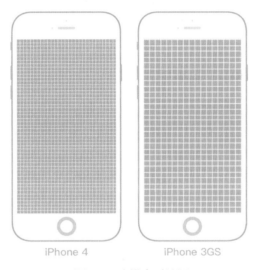

iPhone 4　　　　　iPhone 3GS

图 2-5　分辨率对比图

2.2.4　网点密度

网点密度（简称 DPI）通常用来描述印刷品的打印精度，表示每英寸所能打印的点数。例如，设置打印分辨率为 96 DPI，那么打印机在打印过程中，每英寸的长度上将打印 96 个点。DPI 越高，打印机的精度就越高。当 DPI 的概念用在手机屏幕上时，表示手机屏幕上每英寸可以显示的像素点的数量，等同于像素密度（PPI）。

> **注意：**
> DPI 是网点密度，而 dp（也写作 dip）是安卓系统中一种基于屏幕密度的抽象单位，在运用中大家千万不要混淆。

2.2.5　像素密度

像素密度（简称 PPI）常用于屏幕显示的描述，表示每英寸像素点的数量。例如，在 Photoshop 中新建文档时，设定某图的分辨率为 72 PPI，当图片对应到现实尺度中，屏幕将以每英寸 72 个像素的方式来显示。显示屏幕的 PPI 数值越高，画面看起来就越细腻。像素密度的计算公式，如图 2-6 所示。

在图 2-6 所示的计算公式中，"横向"代表屏幕的横向像素点，纵向代表屏幕的纵向像素点。例如，iPhone 7 的屏幕尺寸为 4.7 英寸，分辨率为 750×1334 像素，根据计算公式可以计算出它的屏幕分辨率约等于 326。图 2-7 所示为带入数字的计算公式。

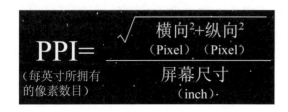

图 2-6　像素密度的计算公式　　　　　图 2-7　带入数字的计算公式

多学一招：什么是 Retina 显示屏？

Retina 是一种新型高分辨率显示技术，中文译为"视网膜"，因此 Retina 显示屏又称"视网膜显示屏"。Retina 显示屏可以把更多的像素点压缩至一块屏幕里，从而达到更高的分辨率，使屏幕显示更加细腻。

当手机显示屏的像素密度达到 300 PPI 时，人眼便无法分辨出单个的物理像素点了，这样的 IPS 屏幕称为"Retina 显示屏"。因此 300 PPI 也成为判断手机屏幕是否属于"Retina 显示屏"的一个标准。需要注意的是，苹果给出了手持平板类 Retina 的设计标准为 260 PPI，该标准和手机不同。

2.3　移动UI设计规范

在设计移动端界面时，首先要了解一些移动端界面的设计规范，才能将常用控件的设计标准化，使其更符合移动平台的特性，降低学习和开发的成本。本节将从移动设备参数、UI 尺寸规范以及文本规范三个方面详细讲解。

2.3.1　移动设备参数

目前市场上的移动设备主要分为两类，即 iOS 设备和 Android 设备，下面将对这两种设备的分辨率做具体介绍。

1. iOS 设备参数

目前市场上的 iOS 设备主要有 iPhone 6/7、iPhone 6 Plus/ 6s Plus/7 Plus、iPad/ iPad mini、iPad Pro 等，它们的具体参数如表 2-1 所示。

表2-1　iOS设备参数

型号	分辨率（像素）	屏幕尺寸（英寸）	PPI	像素倍率
iPhone 6/6s/7/8	750×1334	4.7	326	@2x
iPhone 6 Plus/6s Plus	1080×1920	5.5	401	@3x
iPhone 7 Plus/8Plus	1080×1920	5.5	401	@3x
iPhone X	1125×2436	5.8	463	@3x
iPad	2048×1536	9.7	264	@2x
iPad mini 4	2048×1536	7.9	326	@2x
iPad Pro	2732×2048	12.9	264	@2x

在表 2-1 中出现了"像素倍率"这一概念，所谓的"像素倍率"是苹果为不同分辨率的设备，统一一个设计尺寸而做的标注，包括 @1x、@2x 和 @3x，其中：

（1）@1x 适用于非 retina 屏的 iPhone。iPhone 4 以前的手机需要使用这个标注。

（2）@2x 适用于 retina 屏的苹果设备。iPhone 6/6s/iPad 等使用该标注。

（3）@3x 为 iPhone plus 系列手机设备。iPhone 6 Plus/6s Plus /7 Plus 等使用该标注。

可以简单的将它们理解为倍数关系，如果使用 750×1334 像素尺寸做设计稿，那么切片输出就是 @2x，缩小 2 倍就是 @1x，扩大 1.5 倍就是 @3x。所以在 UI 设计中，设计师只需设计一套基准图，切出 2 套图（@2x 和 @3x）即可满足 iPhone 的所有机型（@1x 的机型基本已经被淘汰了）。

例如，将 iPhone 6 界面作为 UI 基准图，某张图片名为"test_a@2x.png"，宽度和高度均为 200 像素，那么在切图时还应该切出一张名为"test_a@3x.png"，宽度和高度为 300 像素的图片来适配 iPhone Plus 机型。这样程序在运行时就能根据不同设备自动调用不同图片，从而达到最佳效果。

◀多学一招：像素倍率的加载规律

当苹果设备适配时，如果缺少自身适配的像素倍率，该设备就会加载现有的界面切图。具体加载规律如下：

（1）当缺少 @3x 图片时，iphone6 plus 会自动去加载 @2x 的图片，并同时放大 1.5 倍。

（2）当缺少 @2x 和 @3x 图片时，iphone6 plus 会自动加载 @1x 的图片，并同时放大 3 倍。

（3）当缺少 @2x 图片时，iphone6/6s/7/8 等会自动加载 @1x 的图片，并同时放大 2 倍。

2. Android 设备参数

Android 系统是一个开放的系统，可以由开发者自行定义，所以屏幕尺寸规格比较多元化。为了简化设计并且兼容更多手机屏幕，Android 系统平台按照像素密度将手机屏幕划分为：低密度屏幕（LDPI）、中密度屏幕（MDPI）、高密度屏幕（HDPI）、X 高密度屏幕（XHDPI）、XX 高密度屏幕（XXHDPI）、XXX 高密度屏幕（XXXHDPI）6 类，具体参数如表 2-2 所示。

表2-2 Android设备参数

屏幕密度	倍率	分辨率/像素	屏幕尺寸/inch
LDPI	0.75	240×320	2.7
MDPI	1	320×480	3.2
HDPI	1.5	480×800	3.4
XHDPI	2	720×1280	4.65
XXHDPI	3	1080×1920	5.2
XXXHDPI	4	1440×2560	5.96

在表 2-2 中列举了 Android 设备 6 种屏幕密度以及比例关系，其中 dp 是 Android 自定义的开发长度单位，根据屏幕密度的不同，有以下几种比例关系：

- 当屏幕密度为 LDPI 时，1dp=0.75 像素；
- 当屏幕密度为 MDPI 时，1dp=1 像素；
- 当屏幕密度为 HDPI 时，1dp=1.5 像素；
- 当屏幕密度为 XHDPI 时，1dp=2 像素；
- 当屏幕密度为 XXHDPI 时，1dp=3 像素；
- 当屏幕密度为 XXXHDPI 时，1dp=4 像素。

例如，在 MDPI 屏幕密度下制作的图标尺寸是 32×32 像素，如果要适配到 XHDPI 屏幕密度的设备，就需要将图标尺寸扩大一倍，即 64×64 像素。需要注意是，虽然 Android 设备的屏幕分类较多，但在设计时，设计师只需要考虑设计 720×1280 像素的分辨率即可。

2.3.2 UI尺寸规范

由于移动设备的更新迭代较快，对于刚开始接触移动端 UI 设计的新人来说，碰到最多的就是尺寸和适配的问题。了解移动设备的相关参数，可以让 UI 设计师将设计标准化，降低设计成本。本节将对 iOS 和 Android 两个系统的 UI 尺寸规范做具体介绍。

1. iOS 系统 UI 尺寸规范

在 iOS 系统中 UI 设计规范主要包括使用单位、界面基本组成元素以及图标等内容，具体介绍如下。

1）使用单位

iOS 系统的使用单位包括两种，一种为开发中使用的单位"pt"，另一种为设计稿中使用的单位"px"。二者的换算公式如下：

```
1pt=(DPI/72)px
```

例如，在 Photoshop 中新建画布的分辨率为 72 像素 / 英寸（DPI），如图 2-8 红框标识所示。此时 1pt 等于 1px，当新建画布分辨率为 144 像素 / 英寸时 1pt 等于 2px。

2）界面基本组成元素

界面基本组成元素包括：状态栏（Status Bar）、导航栏（Navigation Bar）、标签栏（Tab Bar）、工具栏（Tool Bar）等部分。各元素的基本参数如表 2-3 所示。

表2-3　界面基本组成元素参数

元素/机型	IPhone 6/6s/7/8	IPhone 6 Plus /6s Plus / 7 Plus/8 Plus	iPhone X
状态栏高度	40像素	60像素	88像素
导航栏高度	88像素	132像素	88像素
标签栏高度	98像素	146像素	98像素
工具栏高度	98像素	146像素	98像素

在表 2-3 中，各元素的宽度和手机屏幕宽度一致，需要注意的是，iPhone X 新增了 Home Indicator（home 键），从底部上滑的交互方式成了全局性操作，所以在设计的时候，底部需要留出这部分空间用于应用之间的切换和返回主屏幕高度为 68 像素。在 iOS 系统中各元素的基本位置分布如图 2-9 所示。

图 2-8　新建画布分辨率　　　　　图 2-9　界面元素位置分布

（1）状态栏。状态栏用来呈现运营商、网络信号、时间、电量等信息，位于整个 App 界面的顶部，并始终固定在整个屏幕的上方，如图 2-10 所示。目前流行趋势的状态栏背景是透明的，并与界面风格设计融为一体。在屏幕分辨率为 750×1334 像素的情况下，高度为 40 像素。

图 2-10　状态栏

（2）导航栏。导航栏通常位于状态栏的正下方，如图 2-11 红框标识所示。通常显示当前界面的名称，通常包含常用的功能或者页面的跳转按钮等。在屏幕分辨率为 750×1334 像素的情况下，高度为 88 像素。

图 2-11　导航栏

（3）内容区域。在 iOS 系统中，在分辨率为 750×1334 像素的情况下，内容区域高度为 1108 像素。

（4）标签栏。标签栏又称菜单栏。通常位于界面的底部，如图 2-12 所示。标签栏上一般会有 3～5 个小图标，这些小图标通常包含两种状态，一是选中状态，二是未选中状态。让用户在不同的视图中进行快速切换。在屏幕分辨率为 750×1334 像素的情况下，高度为 98 像素。

图 2-12　标签栏

（5）工具栏。工具栏提供一系列让用户对当前视图内容进行操作的工具，工具栏的所有操作都是针对当前屏幕和视图的，通常用于二级页面。在工具栏中放置一些在当前情景下最常用的指令，能够极大地方便用户使用。

在 iOS 系统中，工具栏位于屏幕底部，工具栏和标签栏在同一个视图中只能存在一个，在分辨率为 750×1334 像素的情况下，工具栏高度为 88 像素，图 2-13 所示为邮件界面的工具栏，当用户在邮件中浏览邮件时，工具栏上可以放置过滤、回复等选项。

图 2-13　邮件界面的工具栏

注意：
　　对于工具栏上显示的选项，最好控制在 5 个以内，这样用户可以轻松地选择所需选项。

3）图标

在移动端 UI 设计中，一些应用程序需要自定义图标来表示应用程序的具体内容或关联操作功能。iOS 系统对于图标尺寸有着严格的规范要求，在不同分辨率的屏幕中，图标的尺寸规范也各不相同，具体如表 2-4 所示。

表2-4　iPhone图标尺寸参数表

图标 \ 机型	iPhone 4/4s	iPhone 5/5s/5c/SE/6/6s/7	iPhone 6 Plus /6s Plus /7 Plus
App	114×114	120×120	180×180
App Store	512×512	1024×1024	1024×1024
标签栏	50×50	50×50	75×75
导航栏/工具栏	44×44	44×44	66×66
设置/搜索	58×58	58×58	87×87

表 2-4 列举了不同类型的 iOS 设备中，各种图标的对应尺寸。对其中各种图标的详细解释如下：

（1）App 图标：指的是应用图标。在设计时，可以直接设计为方形，通过 iOS 系统自带的功能切换为圆角，图 2-14 所示为 iPhone 界面中的 App 图标。

图 2-14　App 图标

值得一提的是，在设计图标时可以根据需要做出圆角供展示使用，对应的圆角参数如表 2-5 所示。

表2-5　iPhone图标圆角参数

图标尺寸/像素	圆角半径/像素
114×114	20
120×120	22
180×180	34
512×512	90
1024×1024	180

（2）App Store 图标：是指应用商店的应用图标，一般与 App 图标保持一致。图 2-15 所示为 App Store 应用商店的 App 图标。

需要注意的是，虽然 iOS 系统提供圆角自动切换功能，但是在 App Store 应用商店中的图标却需要设计圆角。

（3）标签栏导航图标：指底部标签栏上的图标。

（4）导航栏图标：指分布在导航栏上的功能图标。

（5）工具栏图标：指底部工具栏上的功能图标。

（6）设置 / 搜索图标：设置界面左侧的功能图标，如图 2-16 所示。

图 2-15　App Store 图标　　　　图 2-16　设置界面的图标

2. Android 系统 UI 尺寸规范

在 Android 系统中 UI 设计规范同样包括使用单位、界面基本组成元素以及图标等内容，具体介绍如下。

1）单位

Android 系统的使用单位同样包括两种，一种为开发使用的单位"dp"和"sp"，另一种为设计稿件中使用的单位"px"。

（1）dp：主要用于在开发中计量图片的尺寸。

（2）sp：主要用于在开发中计量字体的大小。

2）界面基本组成元素

Android 系统的界面基本组成元素和 iOS 相似，但仍会有一些区别。图 2-17 所示为 Android 系统界面基本元素常见的位置分布。

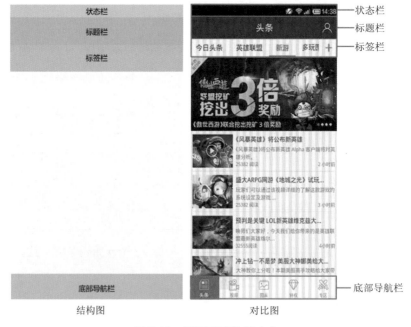

图 2-17　界面元素位置分布

（1）状态栏。在 Android 系统中，状态栏通常位于界面的顶部，具有通知的功能，当应用程序有新的通知，向下滑动即可打开查看通知或进行一些常用的设置。通常状态栏的高度为 25 dp。

（2）标题栏。在 Android 系统中，标题栏通常位于状态栏下方，高度为 48 dp 左右。

（3）标签栏。在 Android 系统中，标签栏通常位于标题栏下方，高度为 36 dp 左右。一般最多为 5 项。

（4）底部导航栏。在 Android 系统中，底部导航栏通常位于状态栏下方，和 iOS 系统中的标签栏类似，一般高度为 48 dp 左右，一般最多为 5 项。

值得一提的是，由于 Android 平台的差异化越来越大，因此其界面结构往往会根据实际需求进行设计布局。在实际开发中为了节省人力和时间，一般会以 iOS 系统的界面设计图为主导，将绘制好的设计图进行适当调整，应用于 Android 平台中。

注意：

Android 最近出的手机几乎都去掉了实体键，把功能键移到了屏幕中，高度标签栏一样为 48 dp。

3）图标

由于 Android 平台的差异化较大，在设计图标时，不同像素密度的屏幕对应的图标尺寸也各不相同，具体介绍如下。

（1）主菜单图标，主菜单图标是指用图形在设备主屏幕和主菜单窗口展示功能的一种应用方式，如图 2-18 所示。

图 2-18　主菜单图标

通常主菜单会按照区格排列展示应用程序图标，用户通过点击，可以选择打开相应的应用程序。主菜单图标在不同像素密度屏幕中的尺寸参数如表 2-6 所示。

表2-6　主菜单图标尺寸

类型	LDPI	MDPI	HDPI	XHDPI	XXHDPI	XXXHDPI
图标尺寸/像素	36×36	48×48	72×72	96×96	144×144	192×192

（2）状态栏操作图标，是指状态栏下拉界面上一些用于设置系统的图标，如图 2-19 所示。状态栏图标在不同像素密度屏幕中的尺寸参数如表 2-7 所示。

图 2-19　状态栏操作图标

表2-7　状态栏图标尺寸

类型	LDPI	MDPI	HDPI	XHDPI	XXHDPI	XXXHDPI
图标尺寸/像素	24×24	32×32	48×48	64×64	96×96	128×128

4）通知图标

通知图标是指应用程序产生通知时，显示在左侧或右侧，标示显示状态的图标，图 2-20 所示红框标识即为通知图标。

图 2-20　通知图标

通知图标在不同像素密度屏幕中的尺寸参数如表 2-8 所示。

表2-8　通知图标尺寸

类型	LDPI	MDPI	HDPI	XHDPI	XXHDPI	XXXHDPI
图标尺寸/像素	18×18	24×24	36×36	48×48	72×72	96×96

注意：

　　Android 系统不同于 iOS，并不提供统一的圆角切换功能，因此设计产出的系统图标必须是带圆角的。

2.3.3　文本规范

在移动端界面设计中，文字是不可或缺的元素，采用规范化的文字进行排版设计可以让界面更加舒适美观。下面将对移动应用平台的文本规范做具体介绍。

1. iOS 文本规范

在 iOS 8 系统中，英文和数字字体为 "Helvetica Neue"，它是比较典型的扁平风格字体，中文字体为 Heiti SC（中文名称叫黑体 - 简）。而在 iOS 9 系统中，苹果为新版本设计了全新的英文字体 "San Francisco" 和中文字体 "苹方"。图 2-21 所示为两种英文字体的对比效果。

在实际界面设计中，文本通常使用偶数字号，例如 22 px、24 px、28 px、32 px、36 px 等。其中使用粗体、大号和深色的文字显示标题等重要信息，使用标准、小号和浅色的文字显示辅助标题或描述性文本信息。

2. Android 文本规范

在 Android 4.0 系统中，中文字体为 Droid Sans Fallback，英文字体为 Roboto。在 Android 5.0 系统中，中文字体改为 "思源"。通常在用 Photoshop 软件设计界面时会用 "方正兰亭黑" 字体代替 "思源" 字体完成效果图的设计，如图 2-22 所示。

图 2-21　字体对比效果

Roboto Thin　　方正兰亭黑
Roboto Light　　方正兰亭黑
Roboto Regular　方正兰亭黑
Roboto Medium　方正兰亭黑
Roboto Bold

图 2-22　Android 5.0 系统字体

在实际界面设计中，Android 系统的界面标题字号一般为 18 sp，文章或图片的标题一般为 16 sp，文本字体一般为 14 sp，注释的最小字体一般为 12 sp。

2.4　认识App

由于移动设备的逐步流行和广泛普及，App 这个词语开始频繁地出现在广大网民的视线中。那么什么是 App？ App 的优势和分类有哪些？ App 元素构成包含什么？本节将针对上述问题进行详细讲解。

2.4.1　什么是 App

App 即 Application（应用程序）的缩写，指运行在智能手机、平板电脑等移动终端设备上的第三方应用程序。简而言之，用户可以通过各种 App 直接进入到客户端，免去了打开网页的麻烦，比如我们熟悉的淘宝、当当等购物平台，用户就可以通过它们的 App 直接进入。

既然有了 App，当然也就少不了集成各类 App 的应用市场，目前，大家比较熟悉的 App 市场有 iOS 系统上的 App Store 和安卓平台上的 google play 等。图 2-23 和图 2-24 所示分别是 iOS 和 Android 系统的 App 图标。

图 2-23　iOS 系统图标

图 2-24　Android 系统图标

2.4.2　App 的优势

智能手机的出现，不仅带动了时代的跨越也带动着其他行业的发展。其中 App 应用软件以其特有的优势迅速发展，并能在短时间内被人们所接受。其优势主要体现在以下几个方面。

1）丰富的第三方应用程序

App 应用软件能在短时间内发展迅猛，主要归功于它满足了当今社会的发展和人们生活的需求，商店、游戏、翻译程序、图库等生活所涉及的方方面面都可以以客户端的形式呈现在用户面前。

2）便捷性优势

App 应用软件带给人的是方便与实用。以前人们浏览网页、上网购物、查询资料只能通过浏览器实现，但在当今快节奏的社会中，这种烦琐的浏览查询方式已远远落后，所以这个时候移动 App 应用软件就很自然地担当了替代的角色。

3）已融入人们生活

App 软件已延伸到了用户生活和工作的各个领域。手机在当今时代已经是不可缺少的工具，在公交车上、地铁上处处可见使用手机的用户。App 方便手机用户随时随地查询和浏览，有效占领了用户的"空闲时间"。

2.4.3　App 的分类

在当下移动互联网时代里，更多的企业和开发者为开发 App 投入了大量的人力和财力，导致 App 产品层出不穷，并占据了各大应用市场。目前市场上的 App 大致可分为以下几类，如表 2-9 所示。

表2-9　App的分类

分　类	应　　　　　用
购 物 类	天猫、淘宝、聚美、糯米网、美丽说、京东、苏宁易购
社 交 类	QQ、微信、微博、陌陌、YY、来往、飞信、百合婚恋、世纪佳缘
出 行 类	途牛旅游、携程旅行、滴滴、途家网、驴妈妈
生 活 类	墨迹天气、安居客、天气通、赶集生活、58同城、美食杰
女 性 类	我是大美人、小肚皮、喂奶计划、美柚孕期
拍 照 类	美拍、美图秀秀、美颜相机、百度魔图、美人相机
影 音 类	酷狗、爱奇艺、暴风影音、天天动听、腾讯视频、央视影音
资 讯 类	腾讯新闻、今日头条、网易新闻、新浪新闻、新华社、中关村在线

分　类	应　　　　用
理　财　类	随手记、掌上基金、存储罐、大智慧、同花顺、百度钱包、支付宝
浏览器类	百度浏览器、QQ浏览器、UC浏览器、火狐浏览器、360浏览器

2.4.4　App 元素构成

想要制作出一套完整的 App，首先要了解 App 的构成元素。通常情况下 App 的元素构成包含启动图标、加载页、引导页、首页以及内容页，下面将针对这些元素构成进行详细讲解。

1. 启动图标

启动图标是 App 的重要组成部分和主要入口，是一种出现在移动设备屏幕上的图像符号。人们通过对字母和图像的认知，获得符号所隐含的意义。启动图标一般由圆角矩形或者矩形底板和 logo 或文字构成，更多出现的是由图标加文字组成的，如图 2-25 所示。

图 2-25　启动图标

2. 加载页

点击 App 图标后，打开应用的第一个界面就是加载页。加载页是由一张渐变或者单色的背景、logo（或 App 名称）、广告语以及版权信息等几部分组成的，据不完全统计，加载页加载时间通常为 2 000 ～ 3 000 ms。大部分商家会将这个加载页做成广告页。图 2-26 所示为一些加载页效果展示。

图 2-26　加载页

3. 引导页

当加载页加载完成后，通常会看到几张连续展示、设计精美、风格统一的页面，这就是引导页。在未使用产品之前，用户通过引导页可提前获知产品的主要功能和特点，并留下深刻的第一印象。根据引导页的目的、出发点，可以将其分为功能介绍类、使用说明类、推广类、问题解决类。一般引导页不会超过 5 页，如图 2-27 ～图 2-30 所示，分别为不同类别引导页的设计效果。

图 2-27　功能介绍类

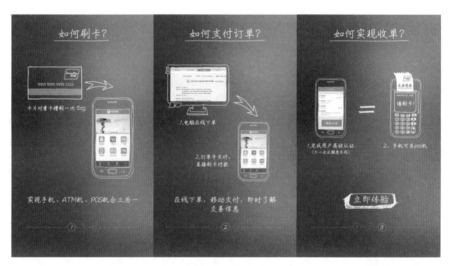

图 2-28　使用说明类

图 2-29　推广类

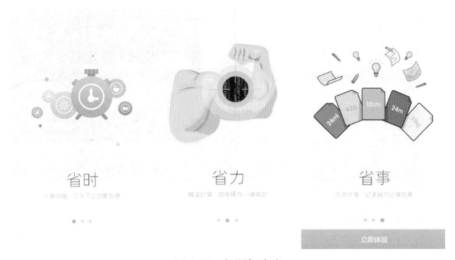

图 2-30　问题解决类

4. 首页

　　首页通常是打开应用后，映入用户眼帘的第一个页面，因此可以说首页是整个 App 中最重要的页面。图 2-31 所示即为 App 首页效果展示。

5. 内容页

　　通过 App 中的首页点击进去的页面均称为内容页。通常包含列表页、详情页、个人中心页等。图 2-32 ～图 2-34 为内容页设计效果展示。

图 2-31　App 首页效果展示

图 2-32　列表页

图 2-33　详情页

图 2-34　个人中心页

第3章
PC端UI设计常识

📋 学习目标

认识网页 UI。

熟悉 PC 端 UI 设计和移动端 UI 设计的区别。

掌握网页构成元素以及相应的设计规范。

伴随着互联网在各个行业与领域的普及，互联网也带动了 PC 端 UI 设计的繁荣。网页界面的美观与易用性，给用户群体留下深刻的印象。本章将从 PC 端 UI 设计最基础的知识入手，详细讲解 PC 端 UI 设计的基本规范。

3.1 ▶ 网页UI设计概述

网页不仅只是把各种信息堆积平铺，而且还要考虑通过各种设计技巧将信息传达表述清晰。本节将从认识网页 UI 设计、网页结构分析、网页分类、移动端 UI 设计区别和 PC 端网页 UI 设计、设计特点、设计原则和设计规范等方面对网页 UI 设计的基础知识进行讲解。

3.1.1 认识网页 UI

网页 UI 设计讲究的是排版布局和视觉效果，其目的是给用户提供一种布局合理、视觉效果突出、功能强大、使用便捷的界面。网页 UI 设计以互联网为载体，以互联网技术和数字交互技术为基础，依照客户与消费者的需求，设计以商业宣传为目的的网页，同时遵循设计美感，实现商业目的与功能的统一。图 3-1 所示为某企业的网站。

图 3-1　某网站首页

3.1.2 网页结构分析

虽然网页的表现形式千变万化，但大部分网页的基本结构都是相同的，主要包含引导栏、header、导航、Banner、内容区域、版权信息等模块，如图 3-2 所示。

（1）引导栏位于界面的顶部，通常用来放置客服电话、帮助中心、注册和登录等信息，高度一般为 35~50 像素。

图 3-2　网页结构分析

（2）header 位于引导栏正下方，主要放置企业 logo 等内容信息。高度一般为 80~100 像素。但是目前的流行趋势是将 header 和导航合并放置在一起，高度为 85~130 像素。

（3）导航栏高度一般为内容字体的 2 倍或 2.5 倍，高度一般为 40~60 像素。

（4）Banner 高度通常为 300~500 像素。

（5）内容区和版权信息高度不限，可根据内容信息进行调整。

3.1.3　网页分类

根据网站的内容，网页可大致分类为首页、详情页和列表页三种类型。

1. 首页

首页作为网站的门面，是给予用户第一印象的核心页面，也是呈现品牌形象的窗口，能更直观地展示企业的产品和服务，首页设计需要贴近企业文化，有鲜明的特色。由于行业特性的差别，网站需要根据自身行业选择适当的表现形式。图 3-3 所示为华为官网首页。

2. 详情页

大部分网站主要从公司介绍、产品、服务等方面进行宣传，而整体布局需要使用户操作更加方便、快捷，所以在布局上仅仅是内容区域的变化，其余保持不变。整个网站中，详情页作为二级页面要与首页的色彩风格一致，页面中同一元素也要与其他页面保持一致，图 3-4 所示为华为官网中的一个详情页。

3. 列表页

列表页主要用于展示产品和相关信息，图 3-5 所示为华为官网列表页。该页展示了比首页更多的产品信息，还可以对产品信息进行初步的筛选。列表页应该使用户快速了解该网站产品信息并能诱惑用户点击，设计时要注意在有限的页面空间中合理安排文字，传达的信息量充足，并使产品内容信息突出。

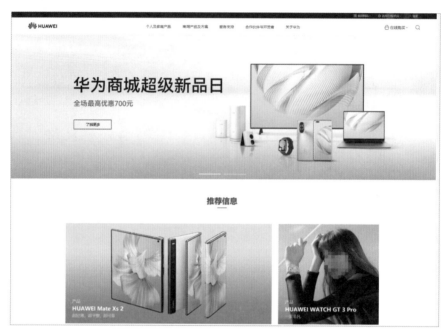

图 3-3　华为官网首页

图 3-4　华为官网详情页

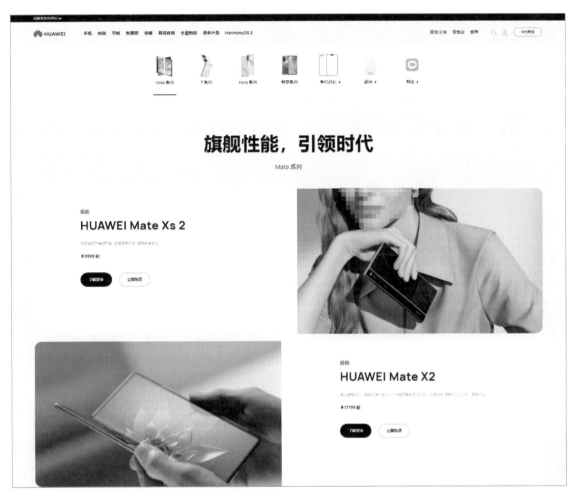

图 3-5　华为官网列表页

3.2 移动端UI设计和PC端网页UI设计区别

对于移动端 UI 设计和 PC 端网页 UI 设计，由于操作终端的不同，二者在界面设计上也会有一些显著的差别，具体表现在以下几个方面。

1. 精准度不同

移动端 UI 设计精准度并不高，主要是因为在移动端上，用户使用手指进行点击操作，这就需要一个比较大的范围来减少错误率。而对于 PC 端而言，鼠标点击的精准度很高，不管再小的按钮，都可以准确无误的点中。图 3-6 所示为鼠标箭头和手指点击范围对比。

2. 按钮位置不同

对于移动端 UI 设计而言，需要考虑的是手机使用环境，目前手机屏幕尺寸越来越大，用户更希望可以单手操作。所以在设计按钮时，尽量将按钮放置到左右手大拇指可控制到的区域。对于鼠标而言，按钮在屏幕中的任何位置对于操作的影响都不是很大，用户可以轻松移动鼠标到界面中任何位置，单击需要的按钮。

3. 操作习惯不同

移动端 UI 设计，通常会设计点击、长按、滑动甚至多点触控，可以设计长按呼出菜单、滑动翻页或切换、双指的放大缩小等。对于鼠标而言则会有单击、双击和右击操作，因此在 PC 端网页 UI 设计中，可以设计右键快捷菜单和双击动作等。

图 3-6　鼠标箭头和手指点击范围对比

3.3 ▶ 网页UI设计特点

随着互联网的发展，内容丰富、形式美观的网页已经取代了单纯文字形式的网页，成为设计的主流趋势，下面详细讲解网页 UI 设计特点。

1. 交互性

网页不同于传统媒体之处就在于信息的交互性。交互性是网页成为热点的主要原因，也是在进行网页设计时必须考虑的问题。传统媒体都是以线性方式提供信息，即按照信息提供者的感觉、体验和事先确定的格式来传播，而信息接收者只能被动接受。在互联网时代，用户不再是被动的接收者，而是以参与者的身份加入到信息的加工处理发布中。网页设计师需根据网站各个阶段的经营目标、经营模式以及用户的反馈，经常对网页进行调整和修改。图 3-7 所示为京东网站做的交互。

图 3-7　交互性

　　传统媒体如报纸，印刷后一旦出现错误，只能全部撤回，并不能马上修正。网页和传统媒体报纸相比就灵活多了，只需将错误修正重新上传就可以了。而且网页还可以针对产品征询用户的意见，避免决策失误。

　　2. 多维性

　　多维性源于超链接，主要体现在网页 UI 设计中导航的设计。打破了之前用户线性的接收方式。例如，可将页面的组织结构分为序列结构、层次结构、网状结构和复合结构等。但是太过复杂的方式不易于用户查找信息，为了方便用户迅速找到所需信息，设计师必须考虑快捷的导航和超链接设计。图 3-8 所示红框标识为不二家官网的导航。

图 3-8　多维性

　　以传统媒体报纸为例，报纸只能通过翻页一条一条浏览信息，从而获取所需信息。然而网页是通过快捷的导航来引导用户自由跳转，查询浏览所需信息更加方便。

　　3. 版式的不可控性

　　网络应用处在发展中，关于网络应用很难在各个方面制定出统一的标准，这必然导致网页版式设计的不可控制性。其具体表现：一是网页页面会根据当前浏览器窗口大小自动格式化输出；二是网页的浏览者可以控制网页页面在浏览器中的显示方式；三是用不同种类或不同版本的浏览器观察同一个网页页面，效果会有所不同；四是用户的浏览器工作环境不同，显示效果也会有所不同。图 3-9 所示为网页页面在浏览器中的显示方式，100% 显示与 50% 显示的效果对比。

　　传统媒体以报纸为例，可以指定选用什么类型的纸张和投放形式。但是网页却不能要求浏览者选择指定品牌的计算机和浏览器，这些都是导致网页版式不可控性的因素。

图 3-9　100% 与 50% 网页页面显示对比效果

4. 多媒体的综合性

网页中使用的多媒体视听元素主要有文字、图像、音频、动画、视频等，随着网络带宽的增加、芯片处理速度的提高，以及跨平台的多媒体文件格式的推广，必将促使设计者综合运用多种媒体元素来设计网页，以满足浏览者对网络信息传输质量所提出的更高要求。因此，多种媒体的综合运用是网页 UI 设计的特点之一，也是未来的发展方向。图 3-10 所示红框标识为腾讯新闻网站中多媒体的应用。

图 3-10　多媒体综合性

5. 艺术和技术的紧密性

设计是主观和客观共同作用的结果，设计师不能超越自身已有经验和所处环境提供的客观条件限制。网络技术为客观因素，艺术创意为主观因素，设计师应积极主动掌握现有的各种网络技术规律，注重技术和艺术的紧密结合。图 3-11 所示为宝骏汽车网站，当鼠标触控到汽车展示区域时，汽车会随着鼠标移动展示不同方位角度。

图 3-11　艺术和技术的紧密性

3.4 ▶ 网页 UI 设计原则

网页是传播信息的载体，也是体现企业形象的重要途径。在网页 UI 设计中，不仅强调技术与艺术的结合、内容与形式的统一，还强调以用户的需求为中心，下面对网页 UI 设计原则进行详细讲解。

1. 以用户为中心

以用户为中心的原则实际是要求设计师要站在用户的角度进行思考，主要体现在下面几点。

1）用户优先

网页UI设计的目的是吸引用户浏览使用，无论何时都应该以用户优先。用户需求什么，设计师设计什么。即使网页UI设计再具艺术设计美感，如果不是用户所需，也是失败的设计。

2）考虑用户带宽

设计网页时需要考虑用户的带宽。针对当前网络高度发达的时代，可以考虑在网页中添加动画、音频、视频等多媒体元素，借此塑造立体丰富的网页效果。

2. 视觉美观

视觉美观是网页UI设计最基本的原则。网页UI设计中内容的主次与轻重、结构的虚实与繁简、形体的大小以及配色等都是造成视觉美观的重要因素。还可以结合动画等多媒体形式使网页的视觉冲击力表现得更有力度，最终呈现给用户一个视觉美观、操作方便的网页界面。图3-12所示为HEROKU网站运用点线面的关系给用户一个清晰的视觉浏览路线，使用户的视觉落脚点有侧重倾向。

图3-12　视觉美观

3. 主题明确

网页UI设计要表达出一定的意图和要求，有明确的主题，并按照视觉心理规律和形式将主题传达给用户，使主题在适当的环境里被用户理解和接受，从而满足其需求。这就要求网页UI设计不仅要单纯、简练、清晰和精准，还需要在凸显艺术性的同时通过视觉冲击力来体现主题。图3-13所示为一家专门卖罐头的网站，设计都是围绕着罐头为主题开展的。

4. 内容与形式统一

任何设计都有一定的内容和形式。设计的内容是指主题、形象、题材等要素的总和，形式是结构、风格设计的表现方式。一个优秀的设计是形式对内容的完美体现。网页界面设计所追求的形式美必须适合主题需要。图3-14所示为火宫殿网站，产品是具有中国特色的臭豆腐，选用中国风的风格更能凸显臭豆腐的源远流长，风格将产品内在气息完美体现。

图 3-13　主题明确

图 3-14　内容与形式统一

5. 整体性

网页 UI 设计的整体性包括内容上和形式上两方面，网页的内容主要是指 Logo、文字、图像和动画等，形式是指整体版式和不同内容的布局方式。在设计网页时，强调页面各组成部分的共性因素是形成整体性的常用方法。强调整体性更有利于用户全面了解，并给人整体统一的美感。图 3-15 所示为悦诗风吟网站，整体以小清新风格呈现。

图 3-15　整体性

3.5 ▶ 网页的构成元素

网页界面的构成元素除了文字和图像以外，还包含动画、音频和视频等新兴多媒体元素，以代码语言编程实现的各种交互效果。这些元素极大地增加了网页界面的生动性和复杂性，同时也要求设计师考虑更多的页面元素的布局和优化。

1. 文字

文字元素是网页信息传达的主体部分。网页中文字主要包括标题、信息、文字链接等几种主要形式，标题是内容的简要说明，一般比较醒目。文字作为信息传达的重要载体，字体、大小、颜色和排列对整体设计影响极大。图 3-16 红框标识所示为网易网站的文字均为文字链接。

图 3-16　文字

2. 图像

图像在网页设计中有多种形式，具有比文字更加直观、强烈的视觉表现效果。图像在网页中具有提供信息、展示作品、装饰网页、表现风格和超链接的功能。网页设计中图像往往是网页创意的集中体现，图像的选择应根据传达的信息由受众群体决定。在网页中使用的图像主要是GIF、JPG 和 PNG 等格式。图 3-17 所示为视达网首屏的图像。

图 3-17　图像

3. 超链接

网页中的链接可分为文字链接和图形链接，用户点击带有链接的文字或者图像，就可自动链接到对应的其他文件，这样才能够使网页成为一个整体。图 3-18 红框标识所示为文字链接和图像链接。

图 3-18　超链接

4. 多媒体

多媒体元素主要包括动画、音频和视频，这些是网页构成元素中最吸引人的地方，能够使网页更时尚、更炫酷。但是不应一味追求视觉效果，任何技术和应用都是为了更好地传达信息。

1）动画

动画指的是 Flash 动画，在网页中使用动画可以有效地吸引用户的注意，由于动态的图像比静态的图像更具吸引力，因而在网页上通常有大量的动画。

2）音频

音频的格式有 WAV、MP3 和 OGG 等，不同的浏览器对于音频文件的处理方法不同，彼此间有可能不兼容。一般不建议使用音频作为网页的背景音乐，会影响到网页的加载速度。

3）视频

在网页中视频文件也很多见，常见的有 AVI、MP4 等格式。视频文件的采用让网页变得更加精彩，具有动感。

3.6　网页UI设计规范

在设计网页界面时，首先要了解 PC 端的设计规范，才能将设计标准化，使其更符合网页UI 设计的特点。本节将从 PC 端屏幕分辨率、网页设计尺寸大小、网页设计命名规范、以及网页设计中字体编排四个方面详细讲解。

3.6.1　PC 端屏幕分辨率

　　PC 端的屏幕分辨率指的就是计算机的屏幕分辨率，如图 3-19 所示红框标识。当下比较流行的屏幕分辨率分为 1024×768 像素、1366×768 像素、1440×900 像素和 1920×1080 像素等。在设计网页时要考虑计算机屏幕分辨率下的浏览器的有效可视区域。

图 3-19　计算机屏幕分辨率

3.6.2　网页设计尺寸大小

　　网页设计尺寸大小指的是在设计界面时的宽度和高度。尺寸一般以宽度 1920 像素进行设计，高度可根据内容调整设定，如图 3-20 所示。但是考虑到屏幕分辨率 1024×768 像素，在浏览器内有效可视区域宽度为 1000 像素，所以设置版心宽度为 1000 像素。

3.6.3　网页设计命名规范

　　作为一个完整的页面，往往包含很多部分，如 logo、导航、Banner、内容主体、版权等。设计界面时，按照规定的准则命名图层或图层组合，有利于快速查找和修改页面效果，还可大幅提高切图和后期制作的工作效率。PC 端网页 UI 设计常用英文命名单词如表 3-1 所示。

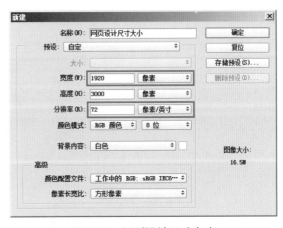

图 3-20　网页设计尺寸大小

表3-1 网页UI设计命名常用单词

页头：header	登录条：loginbar	标志：logo	侧栏：sidebar
导航：nav	子导航：subnav	广告条：banner	菜单：menu
下拉菜单：dropmenu	工具条：toolbar	表单：form	箭头：arrow
滚动条：scroll	内容：content	标签页：tab	列表：list
小技巧：tips	栏目标题：title	链接：links	页脚：footer
下载：download	版权：copyright	合作伙伴：partner	主体：main

3.6.4 网页设计中字体编排

网页界面中，字体编排设计是一种感性的、直观的行为。设计师可根据字体字号来表达设计所要表达的情感。需要注意的是，选择什么样的字体字号以整个网页界面的效果和用户的感受为准。另外，考虑到大多数用户的计算机里的基本字体类型。因此，在正文内容最好采用基本字体，如"宋体""微软雅黑"等字体，数字和字母可选择"Arial"等字体。在网页界面设计中，字体字号和常用颜色应用如表 3-2 和表 3-3 所示。

表3-2 字体选择

字 体 字 号	具 体 应 用
宋体-12号-无/雅黑-12号	用于正文中和菜单栏及版权信息栏中
宋体-14号-无/雅黑-14号	用于正文中或列表文字或作为12号字的小标题
宋体-16号-无/雅黑-16号	用于导航栏中或栏目的标题中或详情页的标题中
宋体-12号-无/雅黑-12号	加粗时，用于正文显示不全时出现"查看详情"上或登录/注册上
宋体-14号-无/雅黑-14号	加粗时，用于栏目标题中或导航栏中
宋体-16号-无/雅黑-16号	加粗时，用于导航栏中或栏目的标题中或详情页的标题中

表3-3 常用颜色

颜 色 应 用	色 值
标题颜色	#333333
正文颜色	#666666
辅助说明颜色	#999999

第4章
图 标 设 计

学习目标

掌握图标的基本设计原则，能够独立完成图标的设计和制作。

掌握扁平化、拟物化设计风格的特点，能够设计不同风格的图标。

了解移动设备中图标的参数规范，能够独立制作符合规范的图标。

在 UI 设计中，图标作为核心设计内容之一，是界面中重要的信息传播载体。精美的图标往往起到画龙点睛的作用，从而提高点击率和推广效果。本章将通过"扁平相机图标设计""微扁平钟表图标设计""拟物化天气图标设计""手机主题系统图标设计"四个实例，详细讲解图标的设计技巧。

4.1 ▶ 认识图标

在进行图标设计之前，需要了解一下图标设计的基础知识，以便准确、高效地完成设计任务。本节将从图标的概述、图标类型、设计原则、设计技巧、设计规范和设计流程等方面，对图标的基础知识进行讲解。

4.1.1 什么是图标

图标（icon）是具有明确指代性含义的计算机图形，通过抽象化的视觉符号向用户传递某种信息。它具有高度浓缩并快速传达信息和便于记忆的特点，一般源自于生活中的各种图形标识，是计算机应用图形化的重要组成部分，图 4-1 所示为一些 App 的应用图标和功能图标。

图 4-1　图标

4.1.2 图标类型

在移动应用中，图标通常分为两种：第一种是应用型图标，第二种是功能型图标。下面进行详细讲解。

1. 应用型图标

应用型图标指的是在手机主屏幕上看到的图标，点击它可以进入到应用中。应用型图标的表现形式多种多样，设计风格也有多种形式。应用型图标类似于品牌 logo，具有唯一性，如图 4-2 所示。

图 4-2　应用型图标

2. 功能型图标

功能型图标是存在于应用界面内的图标，是简单明了的图形，起表意功能和辅助文字的作用，而且功能型图标类似于公共指示标志，具有通用性。它从外观形状上划分，通常分为线形图标、面形图标和扁平线形图标，如图 4-3 所示。

图 4-3 功能型图标的不同外观形状

4.1.3 图标设计原则

图标设计原则是指做设计时要遵守的必要准则。在进行图标设计时，设计原则可以帮助设计师快速地进行设计定位。下面对应用型图标设计原则和功能型图标设计原则进行详细讲解。

1. 应用型图标设计原则

1）可识别性

可识别性是图标设计的首要原则，是指设计的图标能准确地表达出所代表的隐喻。能让用户第一眼识别出它所代表的含义，从中获得相关信息，如图 4-4 所示。

图 4-4 相机图标

2）差异性

在设计图标时，必须在突出产品核心功能的同时表现出差异性，避免同质化。力求给用户留下深刻的印象，如图 4-5 所示。

图 4-5 相册图标

3）使用栅格线

在设计图标时，使用栅格线作为设计依据，可让图标与系统保持和谐统一，更好地彼此匹配，如图 4-6 所示。

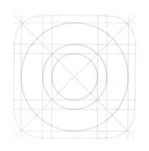

图 4-6 栅格线的使用

2．功能型图标设计原则

1）表意准确

功能型图标设计的第一原则是表意准确，要让用户看到一个图标的第一时间理解它所代表的含义。功能型图标在应用界面起到指示、提醒、概括和表述的作用。

2）轮廓清晰

轮廓清晰是指形状边缘棱角分明，没有发虚的像素。在 Photoshop CC 软件中，设置常规选项中选择"将矢量工具和像素网格对齐"复选框。这样在进行绘制时形状会自动对齐像素网格，不会形成发虚的像素。以及在绘制图标时尽量使用 45°角，这样的斜线是最清晰的。如图 4-7 和图 4-8 所示。

图 4-7 轮廓发虚和清晰对比　　　　　图 4-8 斜线清晰和发虚对比

3）使用图标网格

绘制图标时应随时使用 48×48 像素的图标网格作为绘制依据，它能有效帮助设计师掌握构图布局。图标网格将图标的绘制区域划分为若干份等大小的网格，并建立了关键线形状、绘制区（46 像素）和禁绘区（2 像素），让绘制图标更科学、准确和快速，如图 4-9 所示。绘制图标分为两种情况，一是规则的，可在 46×46 像素的图标网格区域绘制；二是不规则的，如异形的五角星，它会有一些尖角在禁绘区内。

需要注意的是，绘制图标并不是一味地要严格遵守图标网格去进行绘制，其实也要保持视差平衡。视差平衡是讲两个物体同样大的尺寸，但是其中的一个物体看起来明显要大于另一物体，此时需要将其中一物体进行缩小，在视觉上看起来平衡，如图 4-10 所示。

4）一致性

一致性指的是造型规则、圆角尺寸、线框粗细、样式、细节特征等的统一，让图标的外观整体一致，如图 4-11 所示。

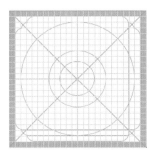
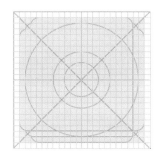

图 4-9　禁绘区（灰色）和绘制区（蓝色）

图 4-10　视差不平衡（左边）和视差平衡（右边）

图 4-11　图标外观一致性

4.1.4　图标设计技巧

在设计图标过程中，掌握相关的设计技巧，可以帮助设计师更加快捷高效地完成设计任务。通常图标设计技巧有以下几个方面。

1. 正负形组合

正负形组合是一种最常见的设计方法，我们可以根据产品特质，然后提取相应的图形，通过图形相互组合、叠加，或者抠除，组成新的图形，如图 4-12 所示。

2. 折叠图形

当一个完整的平面图形设计完成后，可以分析图形的轮廓走向，在图形的结尾或者转角处做局部折叠处理，如图 4-13 所示。

图 4-12　正负形组合　　　　　　　　　　　图 4-13　折叠型图标

3. 线形图标

线形图标是一种独特的绘制图形手法，可通过提炼图形的轮廓进行设计。线性图形，应用的形象简练、完整，更具吸引力，如图4-14所示。

4. 透明渐变

通过对图形放大或缩小叠加不同透明度的图形，形成一个层次丰富，形态饱满的图形组合，如图4-15所示。

图4-14　线形图标　　　　　　　　　　　图4-15　透明渐变型图标

5. 色块拼接

色块拼接是指把图形分割成有规律的块状，并填充颜色，如图4-16所示。

6. 图形复用

对已经设计好的主图形进行复制，通过透明度、颜色或者大小的变化，创造出一种图形阵列之美，如图4-17所示。

图4-16　色块拼接型图标　　　　　　　　图4-17　图形复用型图标

7. 背景组合

运用不同的底板背景更能使图标汇聚聚焦点、富有活力。背景可以选择纯色、渐变色、放射或规律的集合线条以及和主题相关的元素。通常可以将运用背景组合的图标分为以下几类。

① 图标形状 + 背景组合，如图4-18所示。

② 文字 + 背景组合，如图4-19所示。

③ 图文组合 + 背景组合，如图4-20所示。

④ 吉祥物（或卡通形象）+ 背景组合，如图4-21所示。

图4-18　背景组合1　　图4-19　背景组合2　　图4-20　背景组合3　　图4-21　背景组合4

4.1.5　图标设计流程

设计的过程是思维发散的过程，一般遵循固定的设计流程。在实际工作中，设计流程并不是绝对的。有的流程可能会被跳过或忽略，如调研与讨论；有的流程会反复停留，如修改与扩展。下面，通过讲解图标设计的流程为读者提供一个关于设计流程的思路，为日后的设计工作奠定基础。

1. 定义主题

定义主题是指把要设计的图标所涉及的关键词罗列出来，重点词汇突出显示，确定这些图标是围绕一个什么样的主题展开设计，对整体的设计有一个把控，如图 4-22 所示。

图 4-22　关键词罗列形式

2. 寻找隐喻

"隐喻"是指真实世界与虚拟世界之间的映射关系，"寻找隐喻"是指通过关键词进行头脑风暴，在彼类事物的暗示之下感知、体验、想象此类事物的心理行为。如"休息"这个关键词，可以联想到下面的图形，如图 4-23 所示。

图 4-23　关键词联想

从图 4-23 可以看出，通过"休息"这个关键词，联想到了沙发和床，因为它们都有休息的功能。每一个工作和学习的环境都不一样，导致对于某个词的隐喻理解也有所不同。例如，经常喝咖啡的人，认为工作忙碌，来一杯香醇的咖啡就是休息。

当然应用是为大多数人制作的，所以要挑选最能被大多数人接受的事物来抽象图形。除非你的应用是为某个群体设计的个性应用。

3. 抽象图形

抽象图形要求设计师将生活中的原素材进行归纳，提取素材的显著特点，明确设计的目的，这是创作图标的基础，如图 4-24 所示。

图 4-24　抽象化的图标

在图 4-24 中,"飞机"和"拉杆箱"都进行了抽象化处理,汲取各自最显著的特点,形成了最终的图标。需要注意的是,图形的抽象必须控制,图形太复杂或者太简单,识别度都会降低,如图 4-25 所示。

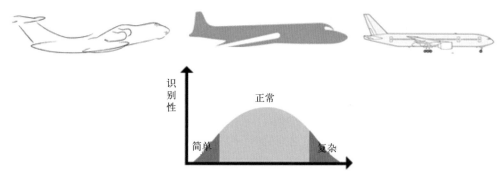

图 4-25　实物抽象化程度

通过图 4-25 容易看出,当"飞机"过于写实,甚至接近照片时,就会显得非常复杂且太过具象。当"飞机"过于简单,甚至只能看到圆形轮廓的时候,就已经看不出什么了,太过抽象。太过具象和太过抽象的图形识别性都非常低。

4. 绘制草图

经过对实物的抽象化汲取后,便可以进行草图的绘制。在这个过程中,主设计师需要将实物转化成视觉形象,即最初的草图,如图 4-26 所示。当然草稿可能有很多方案,这时需要筛选出若干种满意的方案继续下面的流程。

图 4-26　图标草图

5. 确定风格

在确定了图标的基准图形后,下一步就是确定标准色。我们可以根据图标的类型选择合适的颜色。当不知道使用什么颜色的时候,蓝色是最稳妥的选择。目前图标设计主流是扁平化风格,如图 4-27 所示。

图 4-27　扁平化图标

值得一提的是，在 UI 设计中，大部分扁平化图标以单色图形为主，从技法上来说，这样降低了设计的难度。

6. 制作和调整

根据既定的风格，使用软件制作图标。在扁平化风格盛行的今天，单独的图形设计需要更多的设计考量，需要经过大量的推敲，设计调整。因此在图标的制作中，会修正一些草图中的不足，也可能增加一些新的设计灵感。

7. 场景测试

图标的应用环境有很多种，有的在 App Store 上使用，有的在手机上使用。手机的背景色也各不相同，有深色系的，也有浅色系的。我们要保证图标在各个场景下都有良好的识别性，因此在图标上线前，设计师需要在多种图标的应用场景中进行测试。

4.2▶ 图标设计风格

在进行图标设计之前，需要了解一下图标设计风格有哪些。本节将从扁平化风格和拟物化风格两方面，对图标的设计风格进行讲解。

4.2.1　扁平化风格

扁平化设计风格从 2013 年后一直是设计师之间的热门话题，那么什么是扁平化风格呢？扁平化设计的类别有哪些呢？扁平化的优缺点呢？下面将从这些问题入手，对扁平化设计风格进行详细分析讲解。

1. 什么是扁平化风格

扁平化风格是指摒弃高光和阴影等能造成透视感、空间感的效果，采用抽象、简化等设计方法和符号等设计元素来表现图标。扁平化设计又称极简设计，它的核心就是去掉冗余的装饰效果，在设计中去掉冗余的透视、纹理、渐变等元素。以此减轻用户的视觉负担，使用户更加专注于内容本身，如图 4-28 所示。

图 4-28　扁平化风格

2. 扁平化的类别

1）扁平化 1.0

扁平化 1.0 通常采用明亮的纯色块、简洁的元素进行设计。元素的边界力求干净利落，没有添加任何效果。在设计过程中尽量简化，去除所有的装饰效果，让整体看起来干脆利落，如图 4-29 所示。

图 4-29　扁平化 1.0

2）扁平化2.0

扁平化2.0是为了避免纯粹的扁平化设计，在扁平化1.0的基础上，在符合扁平化的简洁美学的前提下，增加的一些细微光影效果。如长投影、轻折叠、微阴影、微扁平等效果，如图4-30所示。

图4-30　扁平化2.0

3. 扁平化优缺点

自2013年后，虽然扁平化设计风格成为了市场上主流的设计风格，但是任何事物都应该一分为二去看待，扁平化设计风格也有着优点和缺点。

1）优点

（1）突出主题，避免各种视觉效果对用户视线的干扰。

（2）设计上更加简单高效。

2）缺点

表达情感上过于冷淡，不如拟物化细腻。

4.2.2　拟物化风格

拟物化风格在视觉上相当于是一场饕餮盛宴，给人以视觉上的满足。那么什么是拟物化风格？拟物化风格又有哪些类别？拟物化风格的优缺点有哪些？下面就针对这些问题进行详细讲解。

1. 什么是拟物化风格

拟物化风格就是模拟现实物品的造型和质感，通过高光、纹理、材质、阴影等效果对实物进行再现，也可进行适当的变形和夸张。通过模仿用户熟知的日常物体的视觉线索，从而降低用户的认知负荷，如图4-31所示。

图4-31　拟物化风格

2. 拟物化的类别

1）纯拟物

图标模拟现实物品的造型和质感，具有直接、真实、不夸张的视觉表现，如图4-32所示。

2）局部拟物

通过物体的某一突出特征传达图标含义，具有引起用户联想的视觉表现，如图4-33所示。

3）夸张表现

保留现实物品的质感，但为了设计改变了物体的造型，具有夸张、丰富想象力的视觉表现，如图4-34所示。

图 4-32　纯拟物

图 4-33　局部拟物

图 4-34　夸张表现

3. 拟物化的优缺点

拟物化风格设计由于完全模拟现实生活中的物体，在很长时间内都是设计的主流，但是事物发展总是经历物极必反的命运。虽然目前拟物化风格不是设计的主流，但是要了解其优点和缺点。

1）优点

（1）认知度高，降低了用户认知和学习的成本。

（2）视觉表现力强，并且交互效果能够给人很好的体验。

（3）人性化的设计，设计风格与现实物体相统一，在使用上非常方便。

2）缺点

（1）拟物化设计需花费大量时间和精力。

（2）过于重视视觉效果，忽略了功能化的实现。

4.3　【实例1】扁平相机图标设计

学习目标

掌握图标设计规范。

了解扁平化设计风格。

4.3.1　实例分析

在进行图标设计时，进行思路剖析可以明确设计思路，避免重复性的工作，极大地提高工作效率。

1. 尺寸规范

本实例按照图标尺寸 512×512 像素的设计规范进行。

2. 设计风格

实例采用扁平化的设计风格。

（1）熟悉扁平化风格：扁平化设计是将现实物品拍平，核心就是丢掉一切多余的装饰，呈现给用户最简洁的效果。

（2）选取参照物：观察现实参照物由哪些部分构成，然后将其最核心的部分罗列出来。以相机为例。相机主要是由镜头、机身和闪光灯构成，如图 4-35 所示。那么，高光、质感这些就可以忽略不考虑。

图 4-35　相机结构图

（3）抽象化处理：用圆角矩形代替闪光灯，多个正圆的大小变化代替镜头，圆角矩形代替机身。将原本具象的相机简单化并使外观清爽简洁。

3. 颜色运用

以浅黄色（RGB：242、242、220）和深黄色（RGB：87、80、43）作为主色调，这个颜色纯度比较低，从而使图标的整体色彩看起来更加舒适，运用彩虹色作为点缀色来表现图标的俏皮感。

4.3.2　实现步骤

1. 制作机身

　Step01　打开 Photoshop CC 软件，按【Ctrl+N】组合键，在"新建"对话框中设置"名称"为"【实例 1】：扁平相机图标设计""宽度"为 800 像素、"高度"为 800 像素、"分辨率"为 72 像素 / 英寸、"颜色模式"为 RGB 颜色。如图 4-36 所示，单击"确定"按钮，完成画布的新建。

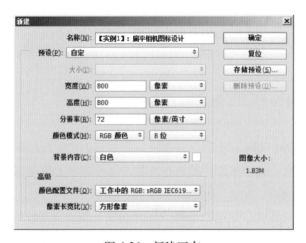

图 4-36　新建画布

Step02 将其背景填充为浅灰色（RGB：199、202、208），如图 4-37 所示。

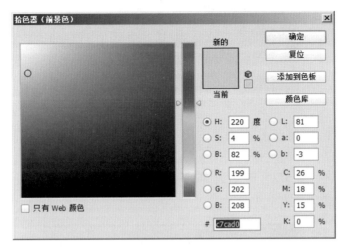

图 4-37 背景填充

Step03 选择"圆角矩形工具" ，绘制一个圆角大小为 90 像素，宽度和高度均为 512 像素的圆角矩形，填充颜色为米色（RGB：242、242、220），并将该图层命名为"机身"，如图 4-38 所示。

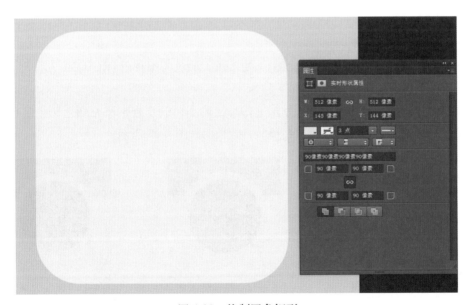

图 4-38 绘制圆角矩形

Step04 复制"机身"图层，并绘制一个矩形放到"机身"上方，将复制的机身图层和此图层合并。

Step05 使用布尔运算减去顶层形状，并且合并形状组件，填充深棕色（RGB：87、80、43），命名图层为"机顶"，效果图如图 4-39 所示。

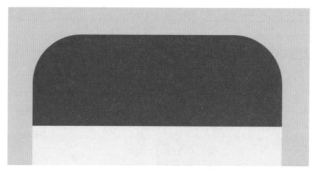

图 4-39　机顶效果图

🖱 Step06　绘制一条 512×10 像素的矩形放在"机身"上，填充颜色为乳白色（RGB：249、249、238），效果图如图 4-40 所示。

图 4-40　效果图

2. 制作镜头和闪光灯

🖱 Step01　选择"椭圆工具" ，按住【Shift】键绘制 310×310 像素的圆，填充灰色（RGB：220、220、220），命名该图层为"镜头"。并放置到机身的正中央位置，效果如图 4-41 所示。

🖱 Step02　复制"镜头"，进行等比缩小，更改填充颜色为深灰色（RGB：33、34、35），如图 4-42 所示。

🖱 Step03　复制"镜头"2 次，分别进行等比缩小，以及分别填充颜色为中灰色（RGB：44、48、52）和深灰色（RGB：33、34、35），效果图如图 4-43 所示。

图 4-41　镜头效果图 1　　　　图 4-42　镜头效果图 2　　　　图 4-43　镜头效果图 3

🖱 Step04　选择"圆角矩形"绘制一个圆角大小为 4 像素，宽度和高度均为 50 像素的圆角矩形。并将该图层命名为"闪光灯"，并填充颜色为浅棕色（RGB：121、115、85）。

🖱 Step05　复制"闪光灯图层"，等比缩小更改颜色为深灰色（RGB：33、34、35），闪光灯效果图如图 4-44 所示。

图 4-44　闪光灯效果图

3. 细节装饰

🖱 Step01　使用"矩形工具" ，绘制 36×226 像素的矩形，填充红色（RGB：236、47、61）。将矩形复制三次，分别填充黄色（RGB：236、234、52），绿色（RGB：151、233、125）和蓝色（RGB：71、187、235），如图 4-45 所示。

  Step02　将 Step01 中绘制好的矩形图层全部选中，将其转换为智能对象，并命名为"彩虹条"。

  Step03　将机顶作为蒙版层，将"彩虹条"建立剪贴蒙版，最终效果图如图 4-46 所示。

图 4-45　绘制彩虹条　　　　　　图 4-46　扁平相机图标设计效果图

  Step04　至此"扁平相机图标设计"绘制完成，按【Ctrl+S】组合键将文件保存到指定文件夹。

4.4 【实例2】微扁平钟表图标设计

学习目标

掌握扁平化风格图标设计技巧。

理解扁平化风格 2.0。

4.4.1　实例分析

微扁平通常采用微渐变伴随着微投影的方式，具有简单的层次关系。通过绘制基本图形来构成扁平化图标效果，并添加图层样式等效果，表现出物体的一些轻度立体感即可。因此可以按照微扁平钟表图标设计思路，分模块进行剖析。

1. 尺寸规范

本实例按照图标尺寸 512×512 像素的设计规范进行。

2. 设计风格

实例采用微扁平的设计风格。

（1）熟悉扁平化的类别：微扁平就是在扁平化的基础上，多了些轻渐变和轻投影。具有干净柔和、有一定的精致感和简单的层次感等特点。

（2）选取参照物：以钟表为例，钟表主要是由表盘、刻度和指针构成。那么，在保持简练结构的情况下，模仿现实参照物给其适当的添加效果，让图标更具生命力。

（3）抽象化处理：通过绘制基本形状来构成图标，并添加图层样式等效果，表现出物体的一些微质感即可。

3. 颜色运用

以浅灰色（RGB：87、87、87）和深灰色（RGB：36、36、36）作为渐变主色调，这个颜色渐变比较柔缓，从而使图标整体看起来更精致。

4.4.2 实现步骤

1. 制作表盘

Step01　打开 Photoshop CC 软件，按【Ctrl+N】组合键，在"新建"对话框中设置"名称"为"【实例2】：微扁平钟表图标设计"、"宽度"为800像素、"高度"为800像素、"分辨率"为72像素/英寸、"颜色模式"为RGB颜色、"背景内容"为白色。

Step02　将其背景填充为深灰色（RGB：36、36、36）。

Step03　按【Ctrl+R】组合键显示参考线后，依次按【Alt】键、【V】键和【E】键分别设置水平和垂直位置为400像素，如图4-47所示。

Step04　选择"椭圆工具"，绘制一个宽度和高度均为512像素的圆，并将得到的新图层命名为"表盘1"。

Step05　选择"表盘1"图层，为其添加渐变叠加和内阴影，具体参数设置如图4-48和图4-49所示。

图 4-47　建立参考线

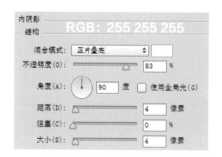

图 4-48　内阴影参数

图 4-49　渐变叠加参数

Step06　选择"椭圆工具",绘制 462×462 像素的圆,并将该图层命名为"表盘 2",为其添加渐变叠加,具体参数设置如图 4-50 所示。效果图如图 4-51 所示。

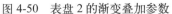

图 4-50　表盘 2 的渐变叠加参数　　　　　　　图 4-51　表盘效果图

2．制作刻度

Step01　选择"矩形工具",绘制一个宽为 2 像素,高为 10 像素的矩形,填充白色(RGB：255、255、255)。

Step02　按【Ctrl+T】组合键,如图 4-52 所示。按【Alt】键将中心点放到参考线的交叉点上,旋转 30°,如图 4-53 所示,按【Enter】键确定。

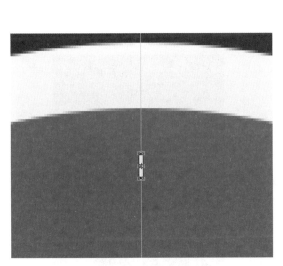

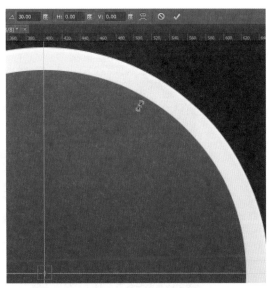

图 4-52　自由变换　　　　　　　　　　　　图 4-53　旋转 30°

Step03　按【Alt+Shift+Ctrl+T】组合键进行多次复制,并命名该图层为"刻度",如图 4-54 所示。

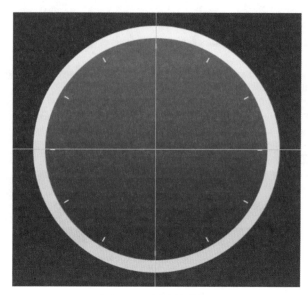

图 4-54　刻度效果图

3. 制作指针

💡Step01　选择"圆角矩形"绘制时针，并使用"直接选择工具" ，将时针的一端适当收缩，如图 4-55 所示。

💡Step02　绘制一个小圆，放到时针上方，将时针图层和此图层合并。选择"路径选择工具"选中小圆，使用布尔运算"减去顶层形状"，如图 4-56 所示。将图层命名为"时针"，效果图如图 4-57 所示。

图 4-55　收缩端点

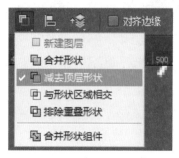

图 4-56　减去顶层形状

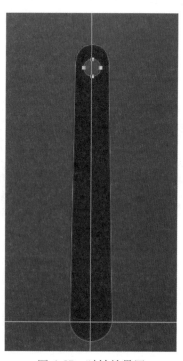

图 4-57　时针效果图

Step03　给"时针"图层添加内阴影、渐变叠加和投影,具体参数设置如图4-58~图4-60所示。

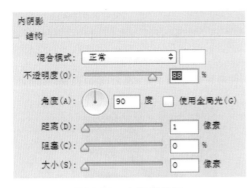

图 4-58　内阴影参数

图 4-59　渐变叠加参数

图 4-60　投影参数

Step04　复制"时针"图层,重新命名为"分针"。

Step05　选择"直接选择工具",将"分针"适当拉长,并将"分针"上的小圆进行适当缩小,如图4-61所示。

Step06　选择圆角矩形绘制秒针,并将图层命名为"秒针",填充红色(RGB:255、0、0),给其添加阴影。具体参数设置如图4-62所示。

图 4-61　分针

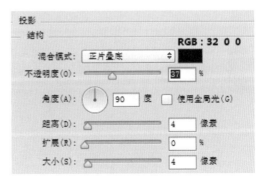

图 4-62　"秒针"投影参数

4. 制作针轴

Step01 选择"椭圆工具"绘制圆，将图层命名为"针轴"。

Step02 绘制白色到不透明度为0的径向渐变，命名该图层为"明暗交界线"。

Step03 将针轴作为蒙版层，将"明暗交界线"建立剪贴蒙版，表现出物体的光影关系，如图4-63所示。

Step04 重复Step02~Step03，分别绘制出物体的亮面和反光，效果图如图4-64所示。

图4-63 "针轴"的光影关系　　　　图4-64 "针轴"效果图

Step05 使用黑色到不透明度为0的径向渐变，按【Ctrl+T】组合键进行变形，绘制出钟表的投影。效果图如图4-65所示。

图4-65 微扁平钟表图标设计效果图

Step06 至此"微扁平钟表图标设计"绘制完成，按【Ctrl+S】组合键将文件保存到指定文件夹。

4.5 【实例3】拟物化天气图标设计

学习目标

掌握拟物化风格图标设计技巧。

理解拟物化风格。

4.5.1　实例分析

拟物化是模拟实际物体的造型和质感，通过图层样式等效果的叠加进行实物的再现，表现出物体的三大面五大调子即可。因此可以按照拟物化图标的设计思路分模块进行剖析。

1. 尺寸规范

本实例按照图标尺寸 512×512 像素的设计规范进行。

2. 设计风格

实例采用拟物化的设计风格。

（1）熟悉拟物化风格：拟物化是模拟实际物体的造型和质感，具有新奇、夸张、丰富想象力的视觉表现。

（2）选取参照物：以太阳为例，太阳是由本体和光芒构成。根据现实参照物给其添加效果进行描绘再现，表现出物体的三大面五大调子，让图标更具视觉冲击力。

（3）具象化处理：通过绘制基本形状来构成图标，并叠加高光、阴影等图层样式效果，表现出物体的真实效果。

3. 颜色运用

以黄色（RGB：87、87、87）和橙色（RGB：36、36、36）作为渐变主色调，这个渐变颜色符合人们对太阳颜色的认知，通过添加细节使图标整体看起来更写实。

4.5.2　实现步骤

1. 制作太阳本体

Step01　打开 Photoshop CC 软件，按【Ctrl+N】组合键，在"新建"对话框中设置"名称"为"【实例 3】：拟物化图标设计"、"宽度"为 800 像素、"高度"为 800 像素、"分辨率"为 72 像素 / 英寸、"颜色模式"为 RGB 颜色、"背景内容"为白色。

Step02　将其背景填充为深蓝色（RGB：0、2、20）。

Step03　选择"椭圆工具"绘制一个宽度和高度均为 400 像素的圆形，并将该图层命名为"太阳"。填充橙色（RGB：255、114、0）到黄色（RGB：255、222、0）的线性渐变，并设置渐变角度为 120°，如图 4-66 所示。

Step04　按【Ctrl+A】组合键，将"太阳"图层和背景图层进行水平和垂直居中对齐，如图 4-67 所示。按【Ctrl+D】组合键取消选区。

Step05　新建图层，并将该图层命名为"明暗交界线"，在图层中绘制一个白到不透明度为 0 的径向渐变，如图 4-68 和图 4-69 所示。

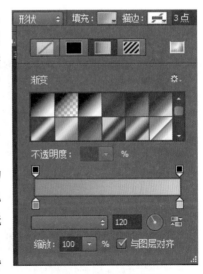

图 4-66　设置线性渐变

图 4-67　水平和垂直居中对齐

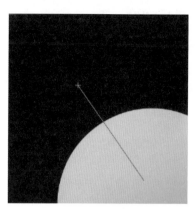

图 4-68　绘制径向渐变

图 4-69　绘制径向渐变完成效果

Step06　设置图层混合模式为"叠加"，形成光影关系。以"太阳"图层作为蒙版层，将"明暗交界线"图层建立剪贴蒙版，如图 4-70 和图 4-71 所示。

图 4-70　设置图层混合模式

图 4-71　剪贴蒙版

Step07　新建图层命名为"亮面"，再次绘制一个白色到不透明度为 0 的径向渐变。图层混合模式选"正常"，表现的是亮面部，如图 4-72 所示。

Step08　以"太阳"图层作为蒙版层，将"亮面"图层建立剪贴蒙版，如图 4-73 所示。

图 4-72　绘制亮面的径向渐变

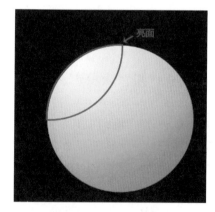

图 4-73　剪贴完成效果

Step09　新建图层，将其命名为"高光"。绘制白色到不透明度为 0 的径向渐变，大小和位置如图 4-74 所示。

图 4-74 绘制高光

Step10 新建图层命名为"反光",绘制一个白到不透明度为 0 的渐变,作为图标的反光。以"太阳"图层作为蒙版层,将"亮面"图层建立剪贴蒙版,并降低不透明度为 30%,如图 4-75 所示。

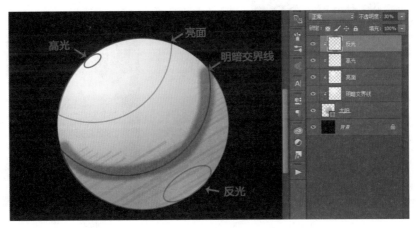

图 4-75 反光效果制作

2. 制作太阳的发光效果

Step01 选中"太阳"图层,为其添加内发光和外发光效果,具体参数设置如图 4-76 和图 4-77 所示。最终效果如图 4-78 所示。

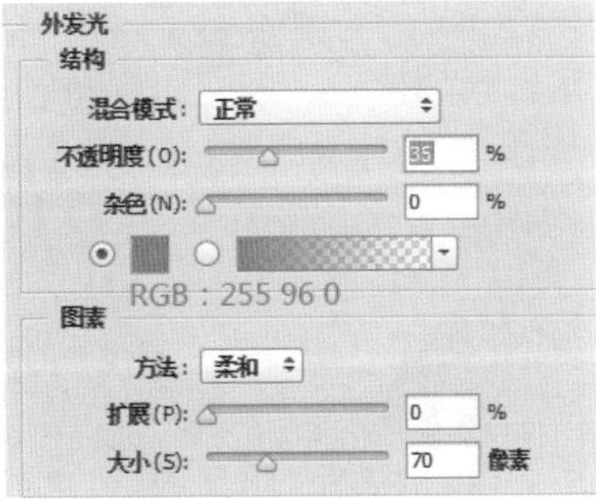

图 4-76 外发光参数 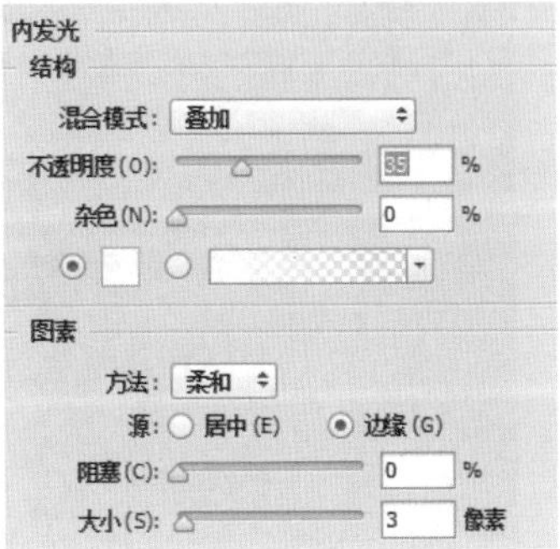   图 4-77 内发光参数

图 4-78　内发光和外发光效果

💿 Step02　新建图层，选择橙色到不透明度为 0 的径向渐变，按【Ctrl+T】组合键拉长拉扁，如图 4-79 所示。

💿 Step03　按【Alt+Ctrl+T】组合键旋转 30°，单击【Enter】键确定，如图 4-80 所示。

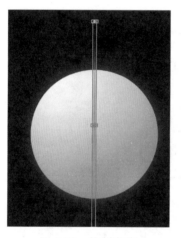

图 4-79　绘制光芒

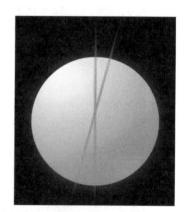

图 4-80　复制旋转光芒

💿 Step04　按【Alt+Shift+Ctrl+T】组合键进行复制光芒，选中其中部分光芒进行等比缩放，最后按【Ctrl+G】组合键编组，如图 4-81 所示。

💿 Step05　调整光芒组顺序到太阳图层下面，如图 4-82 所示。

图 4-81　复制多条光芒

图 4-82　调整顺序层

Step06　新建图层后使用"矩形选框工具"▥绘制一个矩形，填充黑色。执行"滤镜→渲染→镜头光晕"命令，添加光晕效果，如图 4-83 所示。

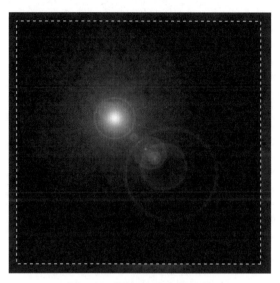

图 4-83　添加镜头光晕效果

Step07　设置图层混合模式为"滤色"，并给图层添加图层蒙版，然后使用画笔工具✎擦除多余的部分，如图 4-84 所示。

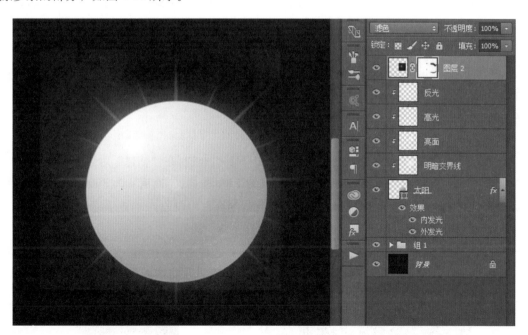

图 4-84　添加蒙版

Step08　至此"拟物化图标设计"绘制完成，按【Ctrl+S】组合键将文件保存到指定文件夹。

4.6 【实例4】手机主题系统图标设计

学习目标

掌握主题系统图标设计的风格和设计原则。

熟悉 Android 主题系统图标设计的尺寸。

4.6.1 实例分析

系统图标设计是 Android 主题的个性化设定，在风格、尺寸、格式、色彩、字体、形状等方面尽量一致的基础上设计的整套图标。通常包括电话、短信、时钟、邮件、设置等图标。因此可以按照手机主题系统图标的设计思路分模块进行剖析。

1. 尺寸规范

本实例按照 Android 图标尺寸 256×256 像素的设计规范进行。

2. 设计风格

实例采用扁平化 2.0 的设计风格，表现出图标的微质感即可。

3. 图形结构

底座选择"多边形工具"中的四边形并平滑拐角，这样出来的圆角柔缓柔和，给人以亲和力。小图标拖放的是扁平的素材，也要突出质感，表现出光影关系。

4. 颜色运用

在颜色选择上，色彩的饱和度也不要过高，要低于 90%。不然图标进入手机做展示时，会曝光过度。

4.6.2 实现步骤

1. 绘制图标底座

Step01 打开 Photoshop CC 软件，按【Ctrl+N】组合键，在"新建"对话框中设置"名称"为"【实例4】：手机主题系统图标设计"、"宽度"为 1500 像素、"高度"为 3000 像素、"分辨率"为 72 像素 / 英寸、"颜色模式"为 RGB 颜色、"背景内容"为白色。

Step02 将其背景填充为深蓝色（RGB：41、57、80）。

Step03 选择"多边形工具" ，设置边数为 4，选择"平滑拐角"复选框，如图 4-85 所示。按住【Shift】键绘制宽度和高度均为 256 像素的圆角矩形，并将该图层命名为"底座"，效果图如图 4-86 所示。

图 4-85 设置边数   图 4-86 圆角矩形效果图

Step04　给"底座"填充深绿色（RGB：85、160、24）到淡绿色（RGB：100、230、70）的线性渐变，并设置渐变角度为90°，具体参数如图4-87所示。效果图如图4-88所示。

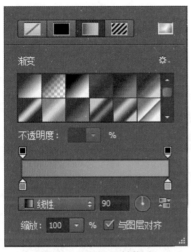

图 4-87　设置线性渐变

图 4-88　效果图

Step05　选中"底座"图层，为其添加描边、内阴影、渐变叠加和投影效果，具体参数设置如图 4-89~ 图 4-92 所示。效果图如图 4-93 所示。

图 4-89　设置描边参数

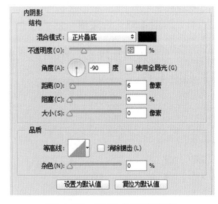

图 4-90　设置内阴影参数

图 4-91　设置渐变叠加参数

图 4-92　设置投影参数

2. 小图标

Step01　打开"手机主题素材.psd",如图 4-94 所示。将素材中的"电话图标"拖放到"手机主题系统图标设计"文件中。

　　　　图 4-93　效果图　　　　　　　　　　　　　图 4-94　手机主题素材

Step02　为其添加描边、内阴影、渐变叠加和投影效果,表现出图标主题的微质感,具体参数设置如图 4-95~ 图 4-98 所示。

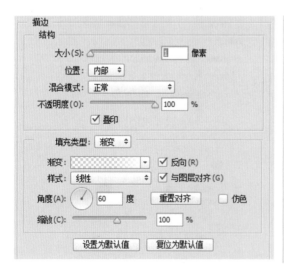

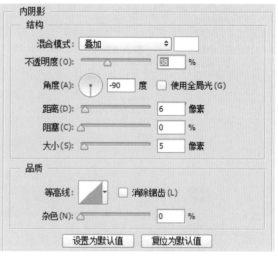

　　　　图 4-95　设置描边参数　　　　　　　　　　图 4-96　设置内阴影参数

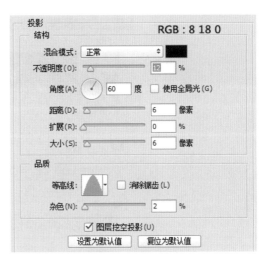

图 4-97　设置渐变叠加　　　　　　　　　　　图 4-98　设置投影参数

Step03　选择"文字工具"，设置字体为"思源黑体"，字号为"36 像素"，输入文字内容为"Call"，颜色为白色（RGB：255、255、255），效果图如图 4-99 所示。将其按【Ctrl+G】组合键编组。

Step04　复制电话图标组，双击"底座"图层前方的图层缩览图，弹出"渐变填充"对话框，如图 4-100 所示。

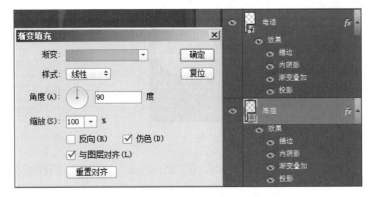

图 4-99　"电话"图标效果图　　　　　　　图 4-100　"渐变填充"对话框

Step05　单击渐变色条，弹出"渐变编辑器"窗口，更改渐变颜色为深蓝色（RGB：36、134、216）到浅蓝色（RGB：52、146、225）的线性渐变，如图 4-101 所示。

Step06　将"手机主题素材 .psd"中的"信息图标"拖动到"手机主题系统图标设计"文件中，如图 4-102 所示。

Step07　复制"电话"图层的图层样式并粘贴到"信息"图层上，删掉电话图层，并更改渐变叠加和投影的色值，如图 4-103 和图 4-104 所示。

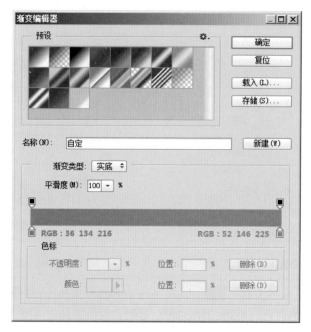

图 4-101 "渐变编辑器"窗口

图 4-102 拖放素材

图 4-103 设置渐变叠加参数

Step08 更改文字内容为 "Message","信息"图标效果图如图 4-105 所示。

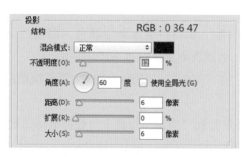

图 4-104 设置投影参数

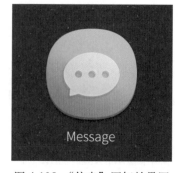

图 4-105 "信息"图标效果图

Step09 参考 Step04~Step08 中的制作方法,制作出剩余的图标效果,最终效果如图 4-106 所示。

图 4-106　最终效果图

第5章
移动端界面结构

学习目标

掌握栏的种类，能够独立完成标签栏导航图标的制作。
掌握内容视图的多种形式，能够设计出不同形式的内容视图。

移动端的界面结构是由多个不同的元素构成的，通过外形的组合、色彩的搭配、设计风格的统一以及合理的布局来构成一个完整的界面效果。想要制作出优秀的界面，首先要了解移动端界面的结构。本章将以 iOS 系统界面设计规范为基准，通过"制作标签栏导航图标"和"制作列表式内容视图"两个实例，详细讲解移动端界面结构的设计技巧。

5.1 ▶ 栏

栏是移动端界面重要的组成元素之一，几乎所有的移动端界面结构均包含栏。在 UI 设计中栏主要包括：状态栏、导航栏、标签栏 / 工具栏、搜索栏等，图 5-1 为微信"发现界面"中的栏。

图 5-1　微信中的栏

在移动端的界面设计中，有些栏是系统自动生成的，如状态栏，有些栏则需要设计师自行设计，如导航栏、标签栏等。不同的栏会有不同的尺寸，在设计中起着承载功能图标的作用。

5.2 ▶ 导航结构

5.2.1　什么是导航结构

导航结构是将产品的功能及内容以一种导航框架的形式组织起来，从而使产品结构清晰，目标明确。在确定产品的需求及目标后，需要选择合适的导航结构样式将其组织表达出来。导航结构设计在 App 设计中占着举足轻重的地位，与用户体验效果密切相关。导航结构设计是否专业直接决定了界面信息是否可以有效地传递给用户。

5.2.2　导航结构的分类

在着手设计 App 界面前，一款优秀的 App 界面，都会巧妙地将信息以某种方式组合起来，从而提高用户体验。导航结构是组合信息的一种方式，主要分为扁平导航、层级导航、内容导航三大类。

1. 扁平导航

扁平导航是指在 App 中，将所有功能类别在主页展示，用户可以直接从一个页面跳转到另一个页面。它将信息结构呈平面，全部展示在用户面前，用户能够清楚自己当前所处的位置。扁平导航包含了四种结构样式，具体介绍如下。

1）标签式导航

标签式导航又称选项卡式导航，位于页面底部，是一种常见的导航结构设计类型。标签式导航通常包含四到五个标签，方便用户在不同页面间频繁切换，适合功能复杂和信息庞大的App。例如图 5-2 所示的微信页面就采用了这种导航样式。

图 5-2　标签式导航

作为较为常见的导航结构样式，标签式导航有着自己的优缺点：

（1）优点：

- 直接展示最重要的接口内容信息。
- 分类位置固定，清楚当前所在入口位置。
- 减少界面跳转的层级，轻松在各入口间频繁跳转。

（2）缺点：

- 固定在底部，占用一定屏幕高度，会遮挡一部分显示内容。

- 功能入口过多时，该模式显得笨重不实用。

2）舵式导航

舵式导航作为标签式导航的一种延伸，因样式像船舵而得名，是目前一种比较流行的导航风格。舵式导航是将用户常用的标签按钮收纳到一个标签功能按钮中，通过点击这个标签功能按钮，来展开多个标签按钮。图 5-3 所示为舵式导航的展示效果。

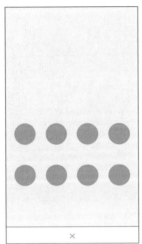

图 5-3　舵式导航

（1）舵式导航的优点：

- 颜色和形状醒目突出。
- 易于引导用户发现且操作。

（2）舵式导航的缺点：

- 中间按钮的突出导致两侧按钮点击率较低。
- 对中间按钮设计美感要求较高，需和页面整体设计风格相协调。

3）宫格式导航

宫格式导航是将主要入口均聚合在当前页面之上，方便用户做出选择的导航类型。宫格式设计方式无法让用户在第一时间看到内容，但给人的视觉效果较为舒服。当有多个内容项时，可以考虑用这种导航方式。图 5-4 所示为宫格式导航的展示效果。

（1）宫格导航的优点：

- 分类清晰、入口独立、风格简约、界面整齐美观。
- 用户容易记住各入口的位置，方便用户快速查询。

（2）宫格导航的缺点：

- 排版没有主次之分。
- 菜单之间的跳转要回到初始点，不利于用户体验。
- 容易形成更深的路径，不能直接展示入口内容。

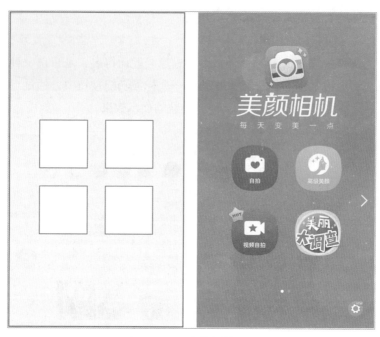

图 5-4　宫格导航

4）顶部标签式导航

顶部标签式导航是标签式导航的另一种延伸，通常位于页面顶部，是能够提供定制化内容展示的导航类型。在 UI 设计中，顶部标签式导航主要用于展示数量较多的标签选项，超出屏幕宽度的标签将被隐藏，这时可以通过向左或向右滑动屏幕隐藏选项。图 5-5 所示为顶部标签式导航的展示效果。

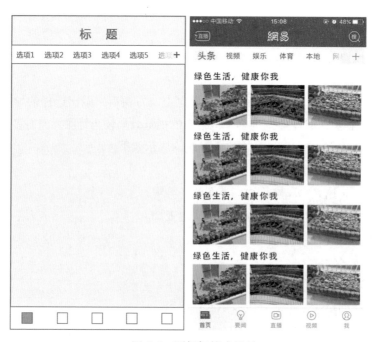

图 5-5　顶部标签式导航

（1）顶部标签式导航的优点：

- 没有标签个数的显示，支持扩展和移除。
- 可以承载同一级别全部的功能模块、信息和任务。
- 支持用户在不同视图间进行左右侧滑切换。

（2）顶部标签式导航的缺点：

- 标签选项过多，用户选择压力大。
- 被隐藏的标签，用户查看概率低从而导致转化率也低。

2. 层级导航

层级导航可以向下无限延伸，通过上下滚动屏幕进行导航，适合展示较多的并列项。层级导航主要包含下面几种样式。

1）列表式导航

列表式导航是 App 设计中随处可见的一个信息承载模式，通常用于二级页面，不会默认展示任何实质内容。列表式导航结构清晰，易于理解，能够帮助用户高速地定位到相应的页面。列表项目可以通过间距、标题等进行分组，形成扩展列表。图 5-6 所示为列表式导航的展示效果。

图 5-6　列表式导航

（1）列表式导航的优点：

- 逐条的方式使层次展示清晰明了。
- 列表长度没有限制，可无限延长。
- 视线流从上到下，浏览体验快捷。
- 可展示内容较长的标题或拥有次级内容。

（2）列表式导航的缺点：

- 导航之间的跳转要回到初始点，灵活性不高。

- 同级内容过多时，用户浏览易产生视觉疲劳且无法聚焦。
- 不展示实质内容，需要用户点击后才能知道具体内容，增加了用户的操作成本。

2）抽屉式导航

抽屉式导航又称侧滑式导航，是将非核心的选项或功能隐藏起来，点击入口就可以像拉抽屉一样拉出菜单，此设计方法节省了页面展示空间，让用户将更多的注意力聚焦到当前页面上。此类导航设计需要提供菜单滑出时的过渡动画。图5-7所示为抽屉式导航内容滑出后的效果。

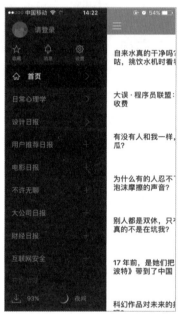

图5-7　抽屉式导航

（1）抽屉式导航的优点：

- 极大地节省了页面展示空间。
- 可容纳多个条目，具有良好的扩展性。

（2）抽屉式导航的缺点：

- 导航入口按钮比较隐蔽，用户不易发现。
- 用户容易"迷路"且不易单手操作。

3. 内容导航

内容导航是指在当前视图直接展示内容，通过直观的内容来吸引用户点击。用户可以对当前页面进行预判，对于不感兴趣的内容直接略过，对感兴趣的内容直接进行快捷操作。

1）轮播式导航

轮播式导航又称旋转木马式导航，当用户向左或向右滑动屏幕时，可以像轮播图一样展示内容。图5-8所示为轮播式导航的展示效果。

图 5-8 轮播式导航

仔细观察图 5-8 会发现，除了展示的内容外，在轮播图的下方还有一组页控件。通过页控件可以清楚知道导航页面的数量以及当前所处的位置。其优点和缺点主要表现在以下几个方面：

（1）优点：

- 单页面内容整体性强，聚焦度高。
- 操作方便，只需手指左右滑动即可。

（2）缺点：

- 只能查看相邻卡片展示的内容，并不能跳跃性地进行选择。
- 展示的内容数量有限。
- 对版式排列要求较高。

2）陈列式导航

陈列式导航主要用于展示照片和产品，以并列的形式将内容直接展示在界面视图中。通常只并列两个，超过两个会使界面过于密集。图 5-9 所示为陈列式导航的展示效果。

（1）陈列式导航的优点：

- 设计内容丰富，整体性强，聚焦度高。
- 直观地将信息陈列出来，提高了产品转化率。

（2）陈列式导航的缺点：

- 对设计要求高。
- 排版混乱会降低用户转化率。

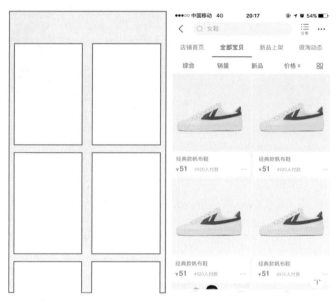

图 5-9　陈列式导航

3）瀑布式导航

　　瀑布式导航和陈列式导航相似，但是功能比陈列式导航更加丰富，它将信息、图像、文本、按钮等一系列内容聚合到矩形区域内，使用户可以直接在当前视图进行操作。图 5-10 所示为瀑布式导航的展示效果。

图 5-10　瀑布式导航

（1）瀑布式导航的优点：

• 卡片式设计使浏览更清晰、阅读更流畅。

• 以卡片形式分割，信息展现比较聚焦。

- 卡片与卡片之间相互独立，互不干扰阅读。

（2）瀑布式导航的缺点：

- 每个卡片占用空间大，容易发生位置迷失问题。
- 对结构设计和图片质量要求高。

5.3 内容视图

布局合理的内容视图有利于用户浏览，提高用户使用频率。然而内容视图指的是什么？内容视图又包含哪些形式？本节将针对这些问题进行详细讲解。

5.3.1　什么是内容视图

内容视图指的是手机界面中用于展示内容的区域，是手机界面的重要组成元素之一。内容视图区域不仅可以展示内容信息，还能够进行一系列交互行为。例如，内容滚动、页面跳转、插入内容、删除内容等操作。图 5-11 所示红框标识的部分为手机界面中的内容视图。

图 5-11　内容视图

5.3.2　内容视图的分类

内容视图的设计样式多种多样，常见的样式分类主要有列表视图、卡片视图、集合视图、文本视图和网络视图，下面将对这些视图进行讲解。

1. 列表视图

列表视图是用分割线将内容进行区分。利用"紧密、对比、重复、对齐"的原则设计每条列表的信息，使信息清晰有力地传达给用户。列表视图分为两种样式：一种是平铺型，另一种是分组型。图 5-12 和图 5-13 所示为列表视图的两种形式。

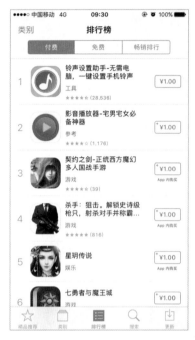

图 5-12　平铺型列表视图　　　　　　　图 5-13　分组型列表视图

2. 卡片视图

卡片视图是将同类信息归纳到一个矩形或者圆角矩形当中，在占用较少屏幕空间的情况下将信息有组织地划分到不同的区域中。卡片可以被堆叠、覆盖、移动，这样极大地扩展了一个内容块的视觉深度和可操作性。卡片在设计形式上还可以增加边缘、阴影，使得卡片具有立体感。图 5-14 所示为卡片视图。

3. 集合视图

集合视图是将同类信息用平铺的形式展现，一般以图片为主题，文字为辅助信息。集合视图用于管理一系列有序的项，并以一种自定义的布局来呈现它们。例如，系统照片将图片集合在一起，以相同大小的正方形进行展示，用户通过点击图片放大查看，图 5-15 所示为集合视图。

4. 文本视图

文本视图是一个能够显示多行文本的区域，当因内容太多而超出其适应范围时，可以支持滚动。同时，文本视图支持用户编辑，当用户轻击文本视图内部时，设备唤起键盘并根据输入的内容类型来指定不同的键盘类型，可以为用户提供更方便快捷地输入体验，图 5-16 所示为文本视图。

5. 网络视图

目前绝大部分的网络视图是指直接在内容区域嵌入 HTML 5 页面，其优点是可以在服务端直接快速发布、更新内容，而不需要在应用平台进行版本更新。例如，手机淘宝首页内容区域就采用了嵌入 HTML 5 的网络视图，图 5-17 展示的就是淘宝双十一前的首页和淘宝双十一时的首页对比。

图 5-14　卡片视图

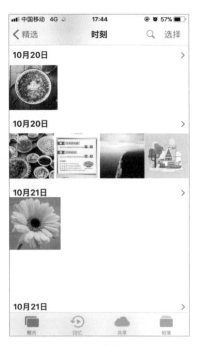

图 5-15　集合视图

图 5-16　文本视图

图 5-17　网络视图

5.4▸ 临时视图

由于手机界面空间有限，对于一些不需要始终展示在界面的内容信息，往往就会通过临时视图的形式将其展现，然而什么是临时视图？临时视图的分类有哪些？本节将对这些知识做具体介绍。

5.4.1　什么是临时视图

临时视图是指向用户提供重要信息，或提供额外的功能和选项的视图，可以起到提醒用户进行某一操作说明的作用。当出现临时视图时，用户必须对该视图进行响应才能操作下一步。临时视图也是手机界面中重要的组成元素之一，图5-18所示为支付宝App的临时视图。

5.4.2　临时视图的分类

临时视图的种类有很多，常见的主要有警告框、操作列表和模态视图这三种类型，下面将对这些视图进行讲解。

1. 警告框

警告框是直接明了地提示用户当前情景的对话框，主要用于告知用户使用设备的重要信息，必须包含标题。通常有两个语义相反的按钮伴随着警告框一起出现，方便用户做出选择，图5-19所示为警告框。

图 5-18　临时视图

图 5-19　警告框

2. 操作列表

操作列表展示了与用户触发操作直接相关的一系列选项，它是由用户某一操作行为引发，在用户完成某一操作时的二次确定。操作列表是让用户有停下思考的作用，并为用户提供了一些其他选项，图 5-20 所示为操作列表。

图 5-20　操作列表

5.5 【实例5】制作标签栏导航图标

学习目标

掌握标签栏在界面结构中的位置。

了解导航栏的各种形式。

5.5.1 实例分析

本实例是一款针对购物类App的标签式导航栏设计，根据界面的分辨率进行设计，需设计出相关的小图标，并加以文字说明。

1. 尺寸规范

本实例按照iOS屏幕分辨率750×1334像素进行设计的，标签栏的尺寸为750×98像素。图标大小为50×50像素，文字大小为22像素。

2. 设计风格

实例将采用扁平化风格，通过简单明了的小图标对用户进行引导。

（1）标签栏：背景一般默认为两种颜色，即白色和黑色，此实例采用黑色背景。

（2）小图标：购物类App通常包含4~5个标签，具有选中和非选中状态。根据购物类App的特性，将小图标分为首页、搜索、分类、购物车和我的共五类，小图标均采用纤细柔美的线形设计。

5.5.2 实现步骤

1. 制作小图标

🔍 Step01 打开Photoshop CC软件，按【Ctrl+N】组合键，在"新建"对话框中设置"名称"为标签栏小图标、"宽度"为50像素、"高度"为50像素、"分辨率"为72像素/英寸、"颜色模式"为RGB颜色、"背景内容"为白色。单击"确定"按钮，完成画布的新建。

🔍 Step02 执行"编辑→首选项→参考线、网格和切片"命令，设置网格线间隔为1像素，子网格为1像素，如图5-21所示。

🔍 Step03 执行"视图→显示→网格"命令，图像编辑区将显示出网格效果。

🔍 Step04 在画布2像素和48像素的位置创建水平和垂直参考线，为小图标设置绘制区和禁绘区，如图5-22所示。

🔍 Step05 选择"多边形工具"，绘制一个三角形，设置填充为无，描边为2点，描边色为品红色（RGB：255、45、74)，并设置描边选项端点为圆角。具体描边设置如图5-23所示。

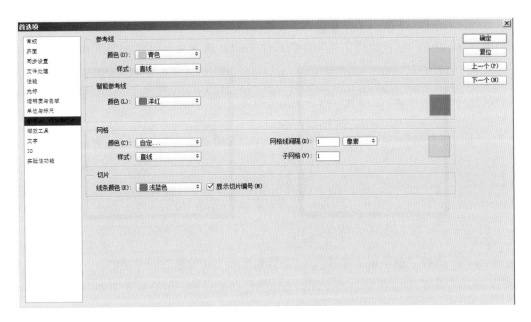

图 5-21　设置网格参数

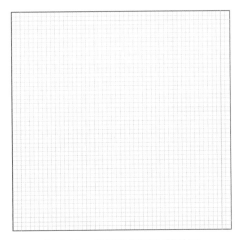

图 5-22　设置绘制区和禁绘区

图 5-23　描边选项设置

🔵 **Step06**　通过"自由变换"命令进行调整图形形状,将三角形压扁,如图 5-24 所示。

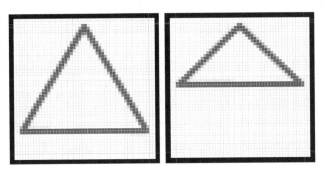

图 5-24　压扁三角形

🌀 Step07　选择"钢笔工具" ✏️，添加锚点，如图5-25所示。

🌀 Step08　使用"直接选择工具"调整图形的形状，删掉多余的部分，效果图如图5-26所示。

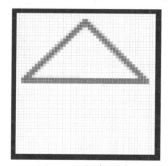 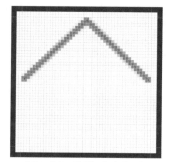

图5-25　添加锚点　　　　　　　　图5-26　删除多余部分

🌀 Step09　选择"圆角矩形工具"，绘制圆角尺寸为4像素的圆角矩形。

🌀 Step10　重复Step07-Step08步骤的方法制作其他结构，最终效果图如图5-27所示。

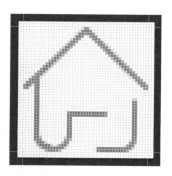

图5-27　效果图

🌀 Step11　选中其结构图层，将其进行编组，并将该组合命名为"首页"，将其隐藏。

🌀 Step12　按照绘制"首页"方法继续在当前画布中绘制出其他小图标，注意视差平衡即可，如图5-28~图5-31所示。

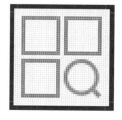   

图5-28　图标1　　　图5-29　图标2　　　图5-30　图标3　　　图5-31　图标4

2. 制作标签栏

🌀 Step01　按【Ctrl+N】组合键，在"新建"对话框中设置"名称"为【实例5】：制作标签栏导航图标、"宽度"为750像素、"高度"为98像素、"分辨率"为72像素/英寸、"颜色模式"为RGB颜色、"背景内容"为白色。单击"确定"按钮，完成画布的新建。

🌀 Step02　将其背景填充为黑色（RGB：34、34、34）。

🌀 Step03　按【Ctrl+'】组合键，图像编辑区将显示出网格效果，如图5-32所示。

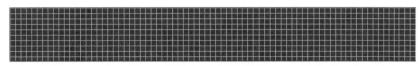

图 5-32　显示网格

🖱 Step04　按【Ctrl+K】组合键打开首选项对话框，调出"首选项"对话框，对网格参数进行设置。设置网格线间隔为 150 像素，子网格为 1 像素。效果图如图 5-33 所示。

图 5-33　网格效果图

🖱 Step05　将绘制好的"标签栏小图标"全部拖放到"制作标签栏导航图标"文件中。

🖱 Step06　分别在每一个网格中水平居中对齐，效果图如图 5-34 所示。除了"首页"图标其余小图标都设置为白色（RGB：255、255、255）。

图 5-34　效果图 2

🖱 Step07　选择"文字工具"，设置字体为"苹方"，字号为"22 像素"，输入文字内容分别为"首页""搜索""分类""购物车""我的"，效果图如图 5-35 所示。

图 5-35　效果图 3

🖱 Step08　按【Ctrl+H】组合键，隐藏网格。

🖱 Step09　至此"制作标签栏导航图标"完成，按【Ctrl+S】组合键将文件保存到指定文件夹。

5.6 【实例6】列表式内容视图

学习目标

掌握内容视图的分类。

理解列表式内容视图设计原则。

5.6.1　实例分析

列表式内容视图的最主要特点是将信息清晰有力地传达给用户，目的是方便用户浏览阅读。

列表没有优先级之分，各列表间同等重要。

1. 尺寸规范：按照 iOS 屏幕分辨率 750×1334 像素进行设计的，本实例列表设计尺寸为 750×100 像素。

2. 设计形式：实例采用分组型列表式内容视图进行设计。

5.6.2 实现步骤

1. 制作界面

🌀 Step01 打开 Photoshop CC 软件，按【Ctrl+N】组合键，在"新建"对话框中设置"名称"为【实例 6】：列表式内容视图、"宽度"为 750 像素、"高度"为 1334 像素、"分辨率"为 72 像素 / 英寸、"颜色模式"为 RGB 颜色、"背景内容"为白色。

🌀 Step02 将其背景填充为浅灰色（RGB：242、242、242）。

🌀 Step03 将素材"栏 1.png"和"栏 2.png"拖放文件中，效果图如图 5-36 所示。

🌀 Step04 依次按【Alt】键、【V】键和【E】键组合键分别设置垂直参考线为 24 像素和 726 像素，设置两边边距。

2. 制作小标签内容

🌀 Step01 选择"矩形工具"，绘制一个 750×60 像素的矩形，并将得到的新图层命名为"小标签"。为其添加内阴影效果，具体参数设置如图 5-37 所示。

图 5-36　效果图 4

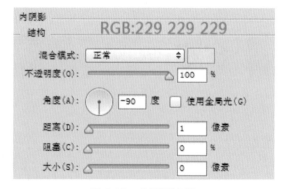

图 5-37　内阴影参数

🌀 Step02 选择"圆角矩形工具"，绘制一个 4×36 像素的圆角矩形，填充颜色为粉色（RGB：255、111、162），将其和"小标签"图层垂直居中对齐，并放置到参考线 24 像素的位置。

Step03 选择"文字工具",设置字体为"微软雅黑",分别设置字号为"24 像素"和"20 像素",分别输入文字内容为"关注标签"和"查看全部(7)"。

Step04 将"关注标签"填充颜色为深灰色(RGB:51、51、51)和"查看全部(7)"填充颜色为粉色(RGB:255、111、162),如图 5-38 所示。

图 5-38 文字内容

Step05 选择"矩形工具",绘制 14×14 像素的矩形,填充为无,描边为 2 点,描边色为粉色(RGB:255、111、162)。

Step06 执行"自由变换"命令,倾斜 45°角后。选择"直接选择工具",删掉多余的锚点,并设置描边的线段端点为圆头,将此图层命名为"箭头",如图 5-39 所示。

图 5-39 绘制箭头

Step07 按【Ctrl+G】组合键将图层编组,并将组合命名为"标签组合",并将标签内部元素和"小标签"图层垂直居中对齐。效果图如图 5-40 所示。

图 5-40 "小标签"效果图

3. 制作列表

Step01 选择"矩形工具",绘制一个宽为 750 像素,高为 100 像素的矩形,并将该图层命名为"列表"。

Step02 复制"小标签"图层的图层样式并粘贴到"列表"图层。

Step03 选择"圆角矩形工具",绘制 68×68 像素的圆形矩形,圆角大小为 8 像素,并命名该图层为"底板"。

Step04 拖放一张图片进入到文件中,将"底板"图层作为蒙版层,将拖放的图片建立剪贴蒙版,将两者进行编组,命名该组合为"头像"。效果图如图 5-41 所示。

图 5-41 "头像"效果图

Step05 选择"文字工具",设置字体为"微软雅黑",分别设置字号为"28 像素"和"20 像素",分别输入文字内容为"汉服"和"2545 篇作品",分别设置字体颜色为深灰色(RGB:51、51、51)和中灰色(RGB:153、153、153),如图 5-42 所示。

Step06 复制"标签组合"组的"箭头"图层,改色为中灰色(RGB:153、153、153)。

Step07 按【Ctrl+G】组合键将图层编组,并命名该组合为"列表 1"。

Step08 将"列表 1"中的内部元素与"列表"图层垂直居中对齐,效果图如图 5-43 所示。

图 5-42　文字内容 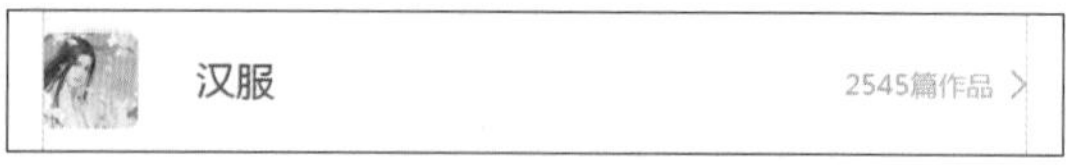　　　　　　　　　　　　　　　图 5-43　"箭头"位置

Step09　复制"列表1"组合两次,并将内部文字和头像进行替换,效果图如图 5-44 所示。

Step10　复制"标签组合"进行内容文字替换,并和"列表1"组合隔开 20 像素的间隔,如图 5-45 所示。

图 5-44　效果图　　　　　　　　　　　　　　　图 5-45　间隔 20 像素

Step11　复制"列表1"组合多次并进行内容文字替换,如图 5-46 所示。

图 5-46　最终效果图

Step12　至此"列表式内容视图"完成,按【Ctrl+S】组合键将文件保存到指定文件夹。

第6章
移动端常用控件

学习目标

掌握控制器的种类，能够独立完成滑块设计的制作。

掌握按钮控件的多种形式，了解按钮的状态。

掌握不同类型表单控件的设计方法。

想要设计出一套完整的移动端 App 界面，设计控件的参与必不可少。在 UI 设计中，设计控件可以起到梳理界面、完善界面结构的功能。然而什么是控件？它的分类有哪些？本章将以 iOS 系统为基准，结合"渐变滑块设计"和"登录按钮设计"两个实例对设计控件的相关知识做详细讲解。

在学习设计控件之前，首先需要了解一些与控件相关的概念，以便快速定位控件的所属范畴，控件主要分为控制器、按钮控件和表单控件这三大类。本节将从控件的基本概念、控件的类别两方面，对设计控件的基础知识进行讲解。

6.1.1 什么是控件

控件是手机界面重要的组成元素之一，用于控制产品行为或显示信息。控件有的是系统自带的，有的则需要个性化定制。图6-1所示均为控件。

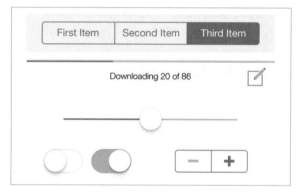

图6-1 控件

6.1.2 控制器

控制器也称为控制元素，主要包含活动指示器、进度指示器、刷新控件、分段控件、滑动器、开关、步进器、日期时间选择器、页控件、标签等，下面将对这些控制元素进行详细讲解。

1. 活动指示器

活动指示器主要用于标识正在处理中的任务或进程。通常系统默认的活动指示器外形酷似花瓣，当其处理或加载任务时，"花瓣"会旋转，表示任务正在处理中，此时用户对界面不可操作。图6-2为一个正在处理加载任务的活动指示器。

图6-2 活动指示器

需要注意的是，活动指示器不会明确告知用户任务或进程的持续时间，待任务完成后活动指示器会自动消失。

2. 进度指示器

进度指示器用于展示任务进度或进程状态。通过进度指示条，用户可以预测任务完成的大致时间，以便选择是继续等待还是放弃。图6-3所示为进度指示器常见的几种样式。

图 6-3　进度指示器

3. 刷新控件

刷新控件用于用户刷新当前的页面内容，使用户立即获得最新内容。刷新控件在默认状态下是不可见的，只有用户进行向下拖放屏幕时才会出现刷新内容。刷新控件可有多种表现形式，如图 6-4 所示。

图 6-4　刷新控件的多种形式

4. 分段控件

分段控件是一组分段的集合，由两个或多个分段组成，用于对页面信息进行分类筛选。分段控件的长度由分段的数量决定。当用户单击分段时，分段可变为选中状态，如图 6-5 所示。

图 6-5　分段控件

5. 滑动器

滑动器主要通过水平移动滑块或滑杆来控制某种变量，允许用户在一个限定范围内调整数值大小。滑动器通常包括三个部分，分别为滑动块、滑动条以及滑动轨迹，如图 6-6 所示。

图 6-6　滑动器

6. 开关

开关由两个互斥性的按钮组成，用来调节一个功能的开启或关闭，也被称为切换器，展示两个互斥的状态。开关展示了当前的激活状态，用户通过单击可以切换状态，如图 6-7 所示。

7. 步进器

步进器是一个两段控件，其中一段显示增加的符号，一段是显示减少的符号。用户单击一个分段进行增加或减少的操作。步进器给了用户充分的思考时间，并可以对行为留下回旋余地。通常用于网上购买商品选择数量，如图 6-8 所示。

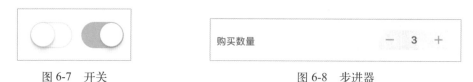

图 6-7　开关

购买数量
—
3
+

图 6-8　步进器

8. 日期时间选择器

日期时间选择器是展示时间和日期的控件。最多可以有 4 个独立的可旋转的滑轮，每个滑轮代表不同类别的值。用户以拖动的方式旋转每个滑轮，直到选择所需的值，极大提高了操作效率，如图 6-9 所示。

13 50
14 51
15 52
16 53
17 54

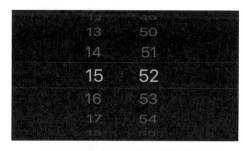

图 6-9　双向滑轮的日期选择器

9. 页控件

页控件是一个可以实现翻页效果的控件，包含一系列的圆点，圆点的个数代表页面的数量。页控件可以告诉用户有多少视图，目前处于哪个视图。默认情况下，页控件的设计一般不超过 10 个“点”，使用不透明的圆点代表当前页，透明的圆点代表未激活页面。但是页控件的“点”并不是一成不变，可以从圆点延伸出一些新的设计样式，如图 6-10 所示。

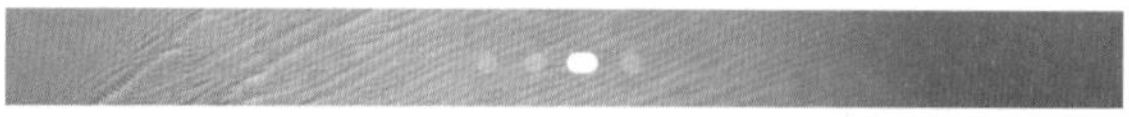

图 6-10　页控件新的设计样式

10. 标签

标签是一个用于显示文字的静态控件。默认情况下，标签控件不能接收用户输入。通常标签由一个关键词和矩形背景组合而成，如图 6-11 所示。

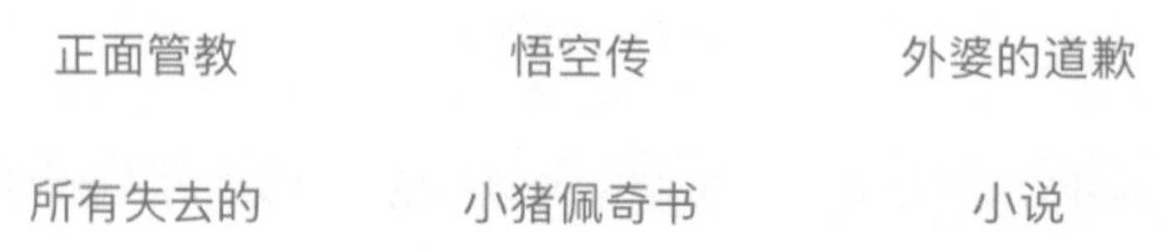

正面管教
悟空传
外婆的道歉
所有失去的
小猪佩奇书
小说

图 6-11　标签

6.1.3　按钮控件

按钮是 UI 设计中不可或缺的控件，通过点击按钮，可以触发一系列能够和用户产生交互的事件。作为基础控件，按钮控件被广泛应用于各种平台中，下面将对按钮控件的相关知识进行详细讲解。

1. 常用按钮

常用按钮是一种以文字或图片加上形状进行组合的控件，它对用户的点击作出反应并触发相应的事件。常用按钮通常包含默认状态、悬浮状态、按下状态、禁用状态四种状态。如图 6-12 所示。

常用按钮从外观上分为两种类型：平面按钮、线框按钮，如图 6-13 所示。

图 6-12　按钮状态

图 6-13　按钮

1）平面按钮

通常由文字加填充的背景组成，一般有两种样式：矩形按钮和圆角矩形按钮，如图 6-14 所示。可根据应用风格选择不同的外观样式。按钮可以单独使用文字，也可以是图标加文字的组合，如果单独使用图标，请确保图标的通用性能被用户清晰地识别。

2）线框按钮

线框按钮也称幽灵按钮，外部仅以线框示意轮廓，内部只用文字示意功能，背景透出，与整个页面合二为一的设计方式。"薄"和"透"是线框按钮的最大特色。线框设计通常用于减轻网页给用户造成的视觉负担，在设计时需给文字两端保留足够的间距，让按钮有呼吸的空间。如图 6-15 所示。

图 6-14　平面按钮的两种样式

图 6-15　线框按钮

2. 详情展开按钮

详情展开按钮会以一个单独的视图展示与该项相关的更多详细信息和功能描述。详情展开按钮通常跟随列表视图出现，如图 6-16 红框标识所示。点击详情展开按钮，即可进入到详情信息页面。

3. 删除按钮和增加行

删除按钮可以删除信息，减少信息堆积。一般隐藏在列表行视图的右侧。当用户将当前行向左侧滑时，会在右侧滑入删除按钮，如图 6-17 所示。用户点击按钮可以将列表行删除，点击其他空白区域会隐藏删除按钮。

图 6-16　详情展开按钮　　　　　　　　　图 6-17　删除按钮

增加行以一个单独圆形加号出现在列表行左侧，用户每点击增加行都会在当前视图增加一行列表,新增的列表可以编辑。如若不需要新增列表,可点击右侧的删除按钮,当列表向左滑动时,点击删除按钮进行删除，如图 6-18 所示。

4. 展开按钮

展开按钮通常在列表视图的右侧，点击展开按钮会进入到新的视图，并会展示当前项的更多信息。当界面出现展开按钮，表明该项列表可以点击进入新的视图，而新的视图导航栏标题会显示该项的名称，同时左边会有返回按钮和上一级的标题，如图 6-19 所示。

图 6-18　增加行　　　　　　　　　图 6-19　展开按钮及打开的新视图

5. 折叠按钮

折叠按钮包含两种相反的状态，一是折叠，二是展开。如图 6-20 所示，当按钮向下时表明内容折叠收起，当按钮向上时则内容展开。折叠按钮的好处是能提高当前视图的浏览效率，适合内容过多时使用。

图 6-20　折叠按钮

6.1.4　表单控件

表单控件主要用于收集用户信息、与用户进行交互对话。通常包括单选框、复选框、下拉选框、文本框等，具体介绍如下。

1. 单选框

单选框用于单项选择，是用户在一组相关但互斥的选择项中，只能做出一个选择。选中一个选项后，其他选项将不能再选。选中状态和非选中状态明显不同，如图 6-21 所示。

2. 复选框

复选框常用于进行多项选择，帮助用户在一组相关的选项中进行多个选择的操作。用户可以选择一个或者多个选项，如图 6-22 所示。

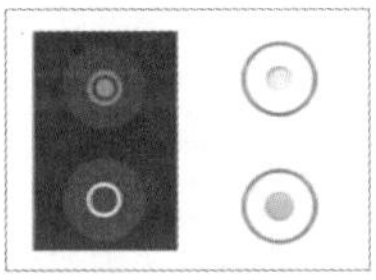

图 6-21　单选框

图 6-22　复选框

3. 下拉选框

下拉选框也称为下拉菜单，可收藏一些同类信息，节省界面空间。在下拉选框的列表中，用户只能选择列表中的一个选项。当用户选中一个选项后，该选项会向下延伸出具有其他选项的另一个选项菜单，如图 6-23 所示。

图 6-23　下拉选框

4. 文本框

文本框是用户输入信息的区域，当用户点击文本框时，会自动唤起输入键盘。在默认状态时，可在文本框中加入提示文字，指引用户输入内容，如图 6-24 所示。

图 6-24　文本框

6.2　【实例7】播放进度滑块设计

学习目标

熟悉滑块构成。

掌握滑块制作方法。

6.2.1　实例分析

针对图 6-25 所示的音乐播放界面，设计一个美观的播放进度滑块。在设计滑块时，可以从尺寸规范、设计风格、形状等几个方面进行实例分析。

图 6-25　渐变滑块背景

1．尺寸规范

滑块的设计尺寸并没有刻意规范，只要满足设计需求即可。但是用户会经常对播放进度滑块进行触控操作，因此滑动轨迹尽量长一些。本实例滑块宽度设置为 420 像素。

2．设计风格

在同一界面中，不同控件的设计风格需要保持一致，由于界面按钮和音量调节滑块均采用微扁平的设计风格，因此在设计播放进度滑块时可以添加淡淡的内阴影和投影，突出滑块的层次感。

3．形状设计

参考音量调节滑块的形状，可以运用长条的圆角矩形作为滑动轨迹。而滑动条和滑动块的设计，则可以运用内阴影、投影等图层样式效果。

4．细节装饰

通过添加文字进行细节优化处理。

6.2.2　实现步骤

1．制作滑动轨迹

🔎 Step01　打开 Photoshop CC 软件，将"渐变滑块界面背景 .jpg"素材拖放到软件中。

🔎 Step02　使用"矩形工具"绘制 420×30 像素的圆角矩形，设置圆角尺寸为 15 像素，命名该图层为"轨迹"，并给其添加图层样式，具体参数设置如图 6-26 和图 6-27 所示。

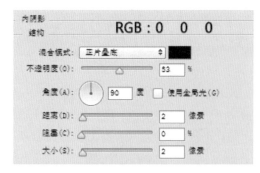

图 6-26　内阴影参数

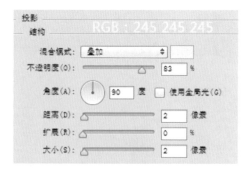

图 6-27　投影参数

🔎 Step03　绘制 380×8 像素，圆角尺寸为 4 像素的圆角矩形，复制"轨迹"图层的图层样式并粘贴到该图层，并将该图层命名为"滑动轨迹"，效果图如图 6-28 所示。

图 6-28 轨迹效果图

2. 绘制滑动条

🐾 Step01 绘制 260×6 像素,圆角尺寸为 3 像素的圆角矩形,并将该图层命名为"滑动条"。填充深蓝色(RGB:35、93、143)到浅蓝色(RGB:63、143、235)的线性渐变,并设置渐变角度为 90°,效果图如图 6-29 所示。

图 6-29 滑动条效果图

🐾 Step02 给"滑动条"图层添加"色相/饱和度"调整图层,将其调整为绿色。以"滑动条"作为蒙版层,将调整图层建立剪贴蒙版。

🐾 Step03 选中调整图层的蒙版层,使用"画笔工具"擦除多余部分,效果图如图 6-30 所示。

图 6-30 效果图

🐾 Step04 绘制一个径向渐变为白色到不透明度为 0 的椭圆,并将其适当压扁变形,降低不透明度为 50%,命名该图层为"光斑"。

🐾 Step05 复制"光斑"图层,将其等比缩小,效果图如图 6-31 所示。

图 6-31 光斑效果图

3. 绘制滑动块

🐾 Step01 绘制 16×16 像素的正圆,并将该图层命名为"滑块"。填充浅灰色(RGB:118、119、120)到白色(RGB:255、255、255)的线性渐变,并设置渐变角度为 90°。

🐾 Step02 给"滑块"图层添加图层样式,具体参数设置如图 6-32 和图 6-33 所示。

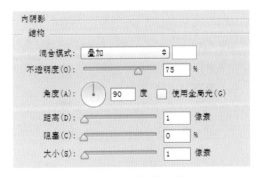

图 6-32 内阴影参数

图 6-33 投影参数

Step03 绘制6×6像素的正圆,填充浅灰色(RGB:98、98、98)。并给其添加图层样式,具体参数如图6-34和图6-35所示。并将此图层和"滑块"图层进行编组,命名为"滑动块"。

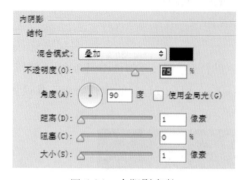 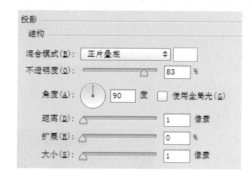

图 6-34 内阴影参数　　　　　　　　　　图 6-35 投影参数

Step04 将"滑动块"放置到如图6-36所示的位置。

图 6-36 滑动块效果图

4. 细节优化

Step01 选择"文字工具",设置字体为"Arial",设置字号为"14像素",分别设置颜色为浅灰色(RGB:185、184、184)和深灰色(RGB:44、48、51),输入文字内容如图6-37所示。

图 6-37 文字内容

Step02 给深灰色数字添加内阴影和投影效果,具体参数设置如图6-38和图6-39所示。给浅灰色数字添加投影效果,具体参数设置如图6-40所示。

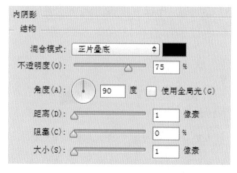 

图 6-38 深灰色数字内阴影参数　　　　图 6-39 深灰色数字投影参数

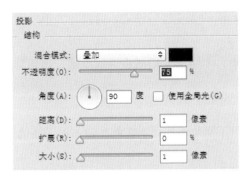

图 6-40 浅灰色数字投影参数

Step03 至此"渐变滑块设计"完成,音乐播放界面的渐变滑块设计最终效果图如图 6-41 所示,按【Ctrl+S】组合键将文件保存到指定文件夹。

图 6-41 最终效果图

6.3 【实例8】登录按钮设计

学习目标

掌握按钮的四种状态。
了解按钮的类型和样式。
了解按钮的制作方法。

6.3.1 实例分析

针对图 6-42 所示的登录界面,设计一个和登录界面风格统一的登录按钮。在设计时可从按钮的尺寸、形状、颜色和设计风格入手进行分析。

1. 尺寸规范

根据提供的素材,输入框的尺寸为 500×80 像素,为保持整体的一致性,从而设定登录按钮的设计尺寸为 500×80 像素。通常按钮高度一般为 80 像素,最高不高于

图 6-42 登录界面

88 像素。按钮的宽度随着输入框的宽度进行设定，通常是等于或小于输入框的宽度。

2. 设计风格

根据登录界面的设计风格，本实例采用微扁平的风格。运用简单的渐变效果配合光影关系，打造微扁平风格的质感按钮。

3. 形状设计

由于登录界面输入框选用了圆角矩形，本实例和输入框保持统一，同样采用圆角矩形。

4. 颜色

登录界面 logo 颜色为绿色，选用绿色调作为登录按钮的主色调不仅可以与 logo 相互呼应，而且还可以将登录按钮与输入框进行区别。按钮的默认状态、悬浮状态、按下状态这三种状态可采用颜色逐渐加深的配色方法。对于禁用按钮，根据按钮的特性采用灰色背景。

6.3.2　实现步骤

Step01　打开 Photoshop CC 软件，将"登录界面背景 .jpg"素材拖放到软件中。

Step02　使用"矩形工具"绘制 500×80 像素的圆角矩形，设置圆角尺寸为 8 像素，填充绿色为（RGB：44、82、7），并命名该图层为"底座"。

Step03　复制"底座"图层，填充颜色为草绿色（RGB：96、174、13），将其高度缩短 6 像素，效果图如图 6-43 所示。

图 6-43　按钮"底座"

Step04　添加描边、内发光和渐变叠加效果，具体参数设置如图 6-44~ 图 6-46 所示。

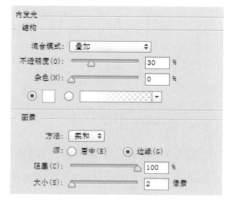

图 6-44　描边参数　　　　　　　　　图 6-45　内发光参数

Step05　选择"文字工具"，设置字体为"微软雅黑"，设置字号为"36 像素"，设置颜色为白色（RGB：255、255、255），输入文字内容为"登录"。并给其添加投影样式，具体参数设置如图 6-47 所示。

图 6-46　渐变叠加参数　　　　　　　　图 6-47　投影参数

Step06　将文字和按钮进行编组，命名该组为"默认状态"。效果图如图 6-48 所示。

图 6-48　默认按钮效果图

Step07　复制"默认状态"图层组，将组命名为"悬浮状态"。

Step08　将"悬浮状态"组的"底座"图层再次复制，设置填充为 0%，并将内发光和描边样式隐藏，更改渐变叠加样式，具体参数设置如图 6-49 所示。

Step09　再次复制"默认状态"按钮，将组命名为"按下状态"。

Step10　将"按下状态"组合的两个底座进行合并，隐藏内发光样式，更改描边颜色为深绿色（RGB：44、82、7）。新增内阴影和更改渐变叠加样式，具体参数如图 6-50 和图 6-51 所示。

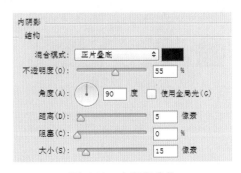

图 6-49　渐变叠加参数　　　　　　　　图 6-50　内阴影参数

图 6-51　渐变叠加

Step11 复制"默认状态"图层组，将组命名为"禁用状态"。

Step12 将"底座"图层颜色更改为灰色（RGB：102、102、102）。

Step13 将"底座 拷贝"图层的颜色进行更换为中灰色（RGB：153、153、153），效果图如图6-52所示。

图 6-52　禁用状态按钮的颜色

Step14 将"禁用状态"组合的"底座 拷贝"图层更改描边颜色为深灰色（RGB：51、51、51）。

Step15 将文字的投影更改为灰色（RGB：102、102、102），登录按钮的四种状态效果图如图6-53所示。

Step16 把登录按钮四种状态全部顶对齐,将"默认状态"图层置为顶层,其余状态隐藏。

Step17 至此"按钮设计"完成，登录界面登录按钮最终效果图如图6-54所示，最后按【Ctrl+S】组合键将文件保存到指定文件夹。

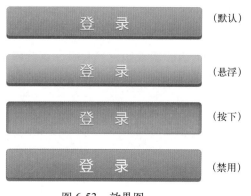

图 6-53　效果图

图 6-54　最终效果图

第7章
移动端设计适配

📋 **学习目标**

掌握标注的作用以及标注的内容。

掌握切图的目的以及要切的内容。

　　手机设备屏幕的尺寸是各种各样的，分辨率也有很多，因此在设计界面时，不可能每个分辨率都出一个对应的设计稿。这时就可以设计一个设计基准图，通过比例换算关系去适配不同分辨率。本章将通过"改版Android 页面""标注登录页面"和"发现页面切图"三个实例，详细讲解移动端适配的相关技巧。

7.1 ▶ iOS设计适配

目前移动端系统主要以 Android 和 iOS 为主，由于 Android 平台的差异化越来越大，在 UI 设计中通常以 iOS 系统为基准，以此去适配其他手机，可以降低设计成本，提高开发速度。本节将对 iOS 设计适配方法进行详细讲解。

7.1.1 设计基准选择

设计基准选择指的是挑选当前主流的手机屏幕分辨率作为设计适配标准。摒弃一些非主流甚至已经淘汰的手机屏幕尺寸，例如 iOS@1x 倍率的屏幕尺寸。图 7-1 红框标识所示为 iOS 系统的主流分辨率尺寸。

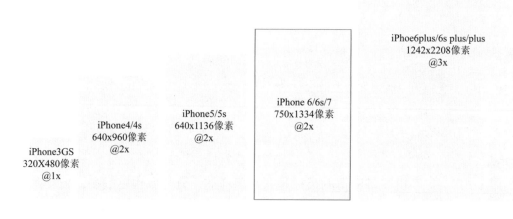

图 7-1   iOS 系统的主流分辨率尺寸

目前一般以 iOS 系统主流分辨率 750×1334 像素进行设计，像素倍率为 @2x，因为它的尺寸向上或向下适配时，界面调整幅度最小，偏差不会太大，视觉比例也不会出现太大问题。而且与 Android 版本 720×1280 像素的尺寸相近，甚至屏幕密度也是相近的，所以只需做最小的设计调整。

7.1.2 设计基准图

设计基准图是指按照选择的主流分辨率设计出来的界面，该界面可以适配多个屏幕尺寸。下面将对设计基准图的设计注意事项以及调整方法做具体讲解。

1. 设计基准图注意事项

按照 iOS 系统主流分辨率 750×1334 像素进行的设计基准图，除了图片外其余部分需要用形状工具来做，方便后期其余版本的调整。将图片转为智能对象，进行放大拉伸只要不超过原有尺寸便不会失真。设计完成后，在设计基准图上进行标注和输出切图。

2. 界面调整

1）改版 Android 界面

开发团队出于节省人力、时间等原因考虑，一般以 iOS 系统设计基准图为主导，将绘制好的设计基准图进行适当调整，应用于 Android 平台中。图 7-2 所示为站酷界面在 iOS（左）和 Android（右）平台的显示样式。

图 7-2 站酷在 iOS 和 Android 平台的应用

改版 Android 界面有如下几个步骤：

（1）设计基准选择 Android 主流设计界面尺寸为 720×1280 像素。

（2）设置界面结构中栏的尺寸（如状态栏高度为 50 像素、导航栏高度为 96 像素、标签栏高度为 96 像素）。

（3）设置两边边距（边距尺寸一般为 24~30 像素）。

（4）把 iOS 系统设计基准图页面中的元素拖放到 Android 界面中，将页面元素调整到恰当的位置，并调整元素间的间距为偶数。

（5）将字体改为"思源"即可。

2）适配 Plus 界面

对于 iOS 系统中像素倍率不同，栏的高度有所不同。如 iPhone 7 的屏幕分辨率为 750×1334

像素，状态栏高度为 40 像素、导航栏高度为 88 像素、标签栏高度为 98 像素。而 iPhone 7 Plus 屏幕分辨率是 1080×1920 像素，但是设计时要以 1242×2208 像素的基准去进行设计。状态栏高度为 60 像素、导航栏高度为 132 像素、标签栏高度为 146 像素。图 7-3 所示为 iPhone 7 和 iPhone 7 Plus 对比。

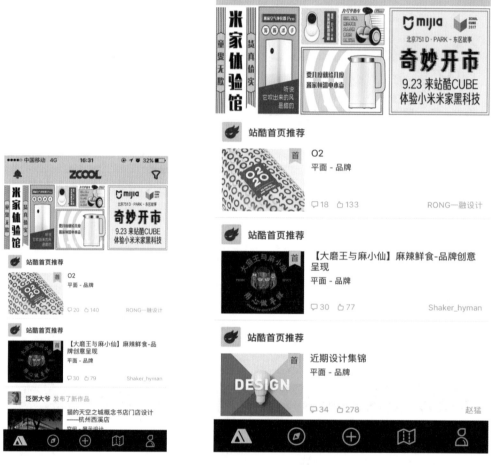

图 7-3　iPhone 7 和 iPhone 7 Plus 对比

在界面上进行调整栏内部元素，内容区域也要进行重新调整。而图片需要单独适配，iPhone 7 Plus 是 iPhone 7 的 1.65 倍，需要在原图的高度上乘 1.65 才是 Plus 的正确高度，但是位图一般放大会发虚，所以适配的图片最好以大尺寸去适配小尺寸。

3. 自动适配

自动适配是在设计基准图适配时需要注意文字流式和控件的问题。文字流式和控件都是页面框架结构制定好后，文字根据屏幕的尺寸自动适应排列，图 7-4 红框标识所示为自动适配的内容。屏幕尺寸越大，显示的内容就会越多，充分发挥了大屏幕的优势。

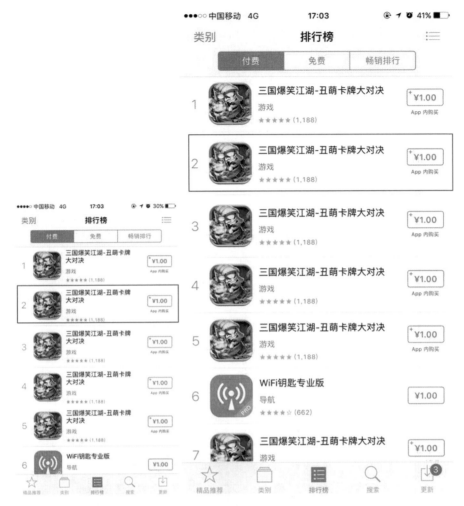

图 7-4　iPhone 7 和 iPhone 7 Plus 内容显示

7.2 ▸ 标注

在设计基准图完成后，需要和前端工程师进行交接，为了保证设计基准图和前端工程师书写出来的效果一致，就需要对设计基准图进行标注，下面对标注进行讲解。

7.2.1　什么是标注

标注含义是标示注记。需要将整个界面中关键元素的相关参数标注出来，前端工程师会参照标注图进行书写，相当于给前端工程师一条清晰的编程路线，力求最终实现效果和设计基准图一致。图 7-5 所示为需要标注的内容。

图 7-5　标注图

7.2.2　标注内容

在标注页面时，把页面可以想象为不同大小的块元素，先将大体的框架标注。在一份设计稿中，需要标注的内容包含元素的宽和高、板块与板块间的距离、元素与元素间的距离、线条颜色值和纯色块颜色值、文字字号和字体以及文字颜色，如图 7-6 所示。需要遵循符合工程师的开发逻辑，将复杂的页面合理划分，信息尽量不要挤在一起。

7.2.3 标注方法

使用 PxCook 标注法。直接把需要标注的 PSD 文件拖放到 PxCook 软件中，PxCook 将会在工具内解析 PSD 文件，使用智能标注可以通过简单的点、选、拖、放就可以对设计元素的尺寸、元素距离、文字样式、颜色等进行标注。通过智能标注得到的标注信息，不仅会随着设计基准图的变化自动更新，还可修改已经标注好的数值，避免因为几像素的误差而重新修改设计基准图。

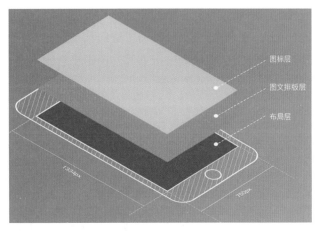

图 7-6　标注内容

7.3　切图

切图是为了方便前端工程师进行书写代码，保证切图能够满足前端工程师对设计基准图高保真还原的需求。切图也是体现一个设计师专业水准的重要标准，下面对切图进行讲解。

7.3.1　什么是切图

切图是指将设计基准图切成便于前端工程师书写代码时所需的图片。移动端界面中某些单独的元素需要添加交互效果时，就需要单独切出，并切出适配不同分辨率下的尺寸大小。切图是 UI 设计师最重要的设计输出物，精准的切图可以最大限度地还原设计基准图，起到事半功倍的效果，图 7-7 所示为支付宝 @2x 和 @3x 的切图。

图 7-7　@2x 和 @3x 的切图

7.3.2　切图内容

移动端切图内容包含所有 icon 图标、所有控件。只要是添加交互效果，以及代码书写比较困难的小图标都需要进行切图，图 7-8 所示为需要切图的内容。具体切图内容可以跟前端工程师进行沟通，以前端工程师的需求进行切图。比如标签栏的图标可以单独被切出，也可以和文字一起切出。文字用代码进行书写，前端工程师工作量大一些，但是图标和文字一起切出，进行整体适配，文字可能会模糊。

图 7-8　切图内容

7.3.3　切图方法

1. 图层命名法

在 Photoshop CC 软件中，选中要切图的图层进行修改名称，扩展名为 @2x.png 或 @3x.png，如图 7-9 所示。记住源文件保存路径的位置，然后单击"文件"→"生成"→"图像资源"命令就可以完成切图。在源文件所在的位置寻找为 assets 的文件夹，就可以找到所切的切图。这种切图命名方法比较烦琐且又费事，所以一般使用第三方软件进行切图。

图 7-9　图层命名法

2. 使用 PxCook 切图法

切图时需要通过和 Photoshop CC 软件中进行远程连接，PxCook 软件以浮窗形式进行切图。

（1）开启 Photoshop CC 软件后，然后打开需要切图的 PSD 文件，设置首选项中的"增效工具"，选择"启用远程连接"选项，输入 6 位数密码，如图 7-10 所示。

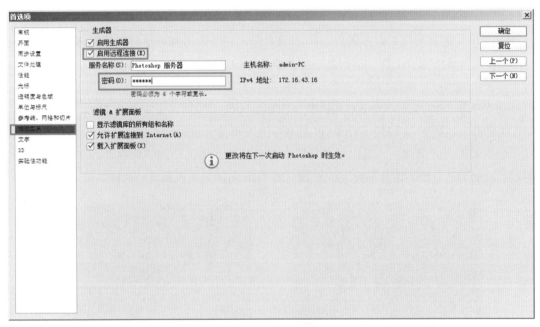

图 7-10　启用远程连接

（2）打开 PxCook 单击右上角的切图工具，输入刚刚设置好的 6 位数密码，单击开始使用，如图 7-11 所示。

（3）根据设计基准图，选择类型是 Web、iOS 还是 Android。选中所需切图的图层或组进行切图，图 7-12 红框标识所示为可设置的设计基准图类型、切图输出和保存路径。

图 7-11　将 PxCook 和 Photoshop 进行连接　　　　图 7-12　切图工具的设置

7.3.4　切图原则

切图的目的是跟前端工程师进行团队协同工作，切图输出时应尽可能地降低工作量，避免因切图输出而导致的重复工作，下面是一些需要注意的事项。

1. va 切图尺寸为偶数

移动端手机的屏幕尺寸大小都是偶数，比如 iphone 7 的屏幕分辨率是 750×1334 像素。工程师在实际开发过程中以 375×667pt（pt 是 iOS 开发单位，像素倍率为 @2x 时，1pt=2px）进行开发，切图资源尺寸为偶数，可以被 2 整除。偶数是为了保证切图资源在前端工程师开发时能清晰显示。如果是奇数的话会导致边缘模糊，图 7-13 所示为偶数和奇数对比。

图 7-13　偶数和奇数对比

2. 图标切图根据设计尺寸输出

设计基准图是以 iOS 系统屏幕分辨率 750×1334 像素情况下设计的，在切图时要明确设计以 @2x 进行的，输出 @2x 和 @3x 的切图即可满足 iPhone 手机主流机型，图 7-14 所示为 @2x 和 @3x 图标切图。如果是改版 Android 系统分辨率 720×1280 像素情况下，在切图的时候就需要明确设计是以 xhdpi 进行的，然后再输出切图。

图 7-14　@2x 和 @3x 图标切图

3. 降低文件大小

有些图片也需要切图，如引导页、启动页、默认图等。但是图片切图一般文件大小都较大，不利于用户在使用 App 过程中加载页面，而且前端工程师会希望图片不影响识别的情况下压缩到最小。降低文件大小可使用 Photoshop 软件自带的功能压缩文件，也可通过一些图片压缩网站进行压缩。压缩过的文件用肉眼基本上分辨不出压缩的损失，图 7-15 所示为使用 TinyPng 网站压缩前后对比。

图 7-15　压缩前后对比

4. 可点击区域不低于 44 像素

切图时添加一些空白面积，增加触碰面积，保证用户可以点击到。设计基准图中图标大小可以和切图大小不一致，记得要保证切图面积，可点击区域不低于 44 像素。图 7-16 所示为图标实际大小和增加空白面积大小。但是伴随着手机分辨率的提升，可点击区域也有所提升，如 66 像素和 88 像素的可点击区域也比较常见。

图 7-16 图标实际大小和增加空白面积大小

7.3.5 切图输出类型

切图输出类型主要分为应用型图标切图、功能型图标切图、图片类切图和可拉伸元素切图四类，下面将进行详细讲解。

1. 应用型图标切图

App 的应用型图标会在很多不同的地方展示，如手机界面、App Store 以及手机的设置列表，所以 App 应用型图标需要多个不同尺寸的切图输出。如果两个平台中参数不同，在输出时要把双平台的尺寸全部输出切图。需要注意的是 iOS 系统应用型图标切图需要提供直角的图标切图，如图 7-17 所示，因为 iOS 系统会自动生成圆角效果。

图 7-17　iOS 系统应用型图标切图

2. 功能型图标切图

对于 iOS 系统界面中的功能型图标，由于 Plus 版本的切图是设计基准图的 1.5 倍，输出切图为 @3x 即可，图 7-18 所示为站酷功能型图标 @2x 和 @3x 的对比。默认情况下，@3x 是 @2x 的 1.5 倍。前端工程师会将切好的 @2x 和 @3x 图放到库中，iOS 系统会根据设备型号自动挑选合适的尺寸使用。

图 7-18　站酷功能型图标 @2x 和 @3x 对比

3. 图片类切图

图片类切图如启动页、引导页、提示页面等需要切图的图片。有些需要全屏切图、有些则需要局部切图，如图 7-19 红框标识所示。如果是全屏切图最好以手机分辨率大尺寸进行切图适配。如果页面是背景图和底色结合，只需要切背景图，而背景色只需告诉前端工程师色值即可。如果背景图是单个元素重复平铺只需切单个元素即可，告诉前端工程师页面尺寸，将单个元素进行平铺。

图 7-19　图片类切图

4. 可拉伸元素切图

可拉伸元素是指按钮在切图过程中可对切图进行瘦身压缩的元素，原理是不可拉伸区域不变，但是可以提升 App 中的加载速度和节省手机空间，这种切图方式在 iOS 中称为平铺切图，Android 中称为点九图。它是为了提升图片在客户端内的加载速度，保证安装包的轻量化，图 7-20 所示为在 iOS 中的平铺切图和 Android 中点九图的形式。

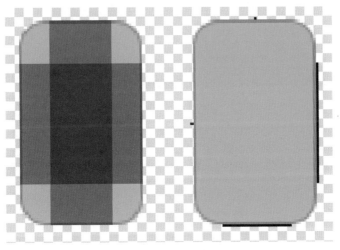

图 7-20　可拉伸元素切图

注意：

平铺切图只需要表明什么区域可拉伸即可。而点九图则需要再绘制1像素的黑线表示内容展示区域，1像素的黑点表示的是一条完整的可拉伸区域，以及切出的图片要人为添加后缀 .9。

7.3.6 命名规则

命名规则是为了团队能够有一个统一规则，在和前端工程师进行交接时，规范的命名对于团队协同有着极大的推动作用。通常为切片命名时会遵循以下几个规则。

（1）命名采用英文小写，不要有大写字母出现。

（2）出现较多层级时，最好遵循命名的通用规范"模块 _ 类别 _ 功能 _ 状态 @2x.png"，按照由大范围逐步缩小范围进行命名，例如，命名一个属于标签栏内部，默认状态下的搜索按钮。英文命名为：tab_button_search_nor@2x.png，对应中文则是：标签栏 _ 按钮 _ 搜索 _ 默认状态 @2x.png。

（3）名称中间不要有空格，使用下画线进行连接。

表 7-1 列举了移动端界面一些常用元素的英文名称，具体如下。

表7-1 移动端App命名常用单词

启动页面：default	导航栏：nav	左侧导航：leftbar	工具栏：tool
标签栏：tab	背景：bg	按钮：button	照片：photo
图片：img	图标：icon	个人资料：porfile	用户：user
弹出：pop	返回：back	刷新：refresh	删除：delete
编辑：edit	下载：download	内容：content	广告：banner
登录：login	注册：register	标题：title	提示信息：msg
链接：link	注释：note	标志：logo	主页：home
搜索：search	输入：input	复选框：chb	下拉：cbb
单选框：rb	收藏：collect	按钮文字：btntext	信息：info
列表：list	设置：set	更多：more	取消：cancel
按钮常态：nor	按钮选中：sel	按钮突出：hig	按钮不可用：dis

需要注意的是，虽然表 7-1 中展示的是一些常用元素的单词，但是每个前端工程师有着自己的命名习惯，因此在实际工作中最好和前端工程师沟通确认。

7.4 ▸ 【实例9】改版Android页面

学习目标

了解设计基准图。

掌握界面调整。

7.4.1　实例分析

根据实例的需求，明确 iOS 系统改版 Android 系统分辨率尺寸有所不同。除了栏的不同，其余页面元素基本一致。

1. 尺寸规范

iOS 系统设计基准图以 750×1334 像素进行设计，而改版到 Android 的尺寸应为 720×1280 像素。

2. 字体

在 iOS 系统中字体为"苹方"，而改版到 Android 中则要换为"思源"字体。

3. 数据

所有数据改版到 Android 中，保证元素间的间距为偶数。

7.4.2　实现步骤

🎯 **Step01**　打开 Photoshop CC 软件，按【Ctrl+N】组合键，在"新建"对话框中设置"名称"为【实例9】：改版 Android 页面、"宽度"为 720 像素、"高度"为 1280 像素、"分辨率"为 72 像素 / 英寸、"颜色模式"为 RGB 颜色、"背景内容"为白色。单击"确定"按钮，完成画布的新建。

🎯 **Step02**　将其背景填充为浅灰色（RGB：242、242、242）。

🎯 **Step03**　依次按【Alt】键、【V】键和【E】键分别设置垂直位置为 24 像素和 696 像素。

🎯 **Step04**　拖放"Android 状态栏 .png"到"改版 Android 页面"文件中，和背景图层进行顶部对齐和垂直居中对齐，如图 7-21 所示。

图 7-21　效果图 1

🎯 **Step05**　使用"形状工具"绘制 Android 导航栏为 720×96 像素，命名该图层为"导航栏"，并为其添加内阴影效果，具体参数设置如图 7-22 所示。

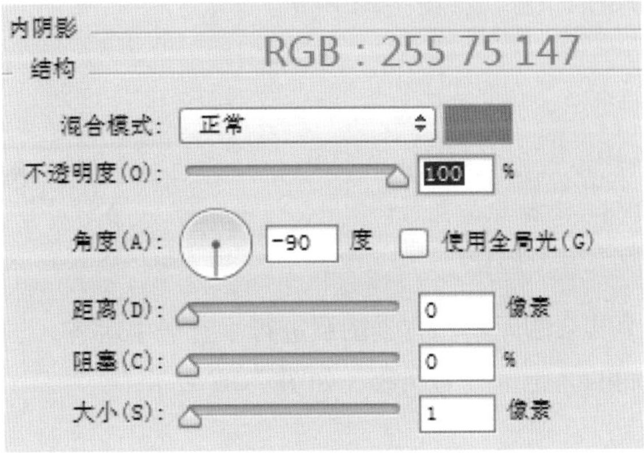

图 7-22　内阴影参数

Step06 打开"iOS—保存成功.psd"文件并拖放页面元素到"改版Android页面"文件中，效果图如图7-23所示。

图7-23 效果图2

Step07 删除"iOS—保存成功.psd"文件中状态栏和导航栏等不必要的图层。

Step08 以"导航栏"图层作为蒙版层，将"粉红色泡泡图片"所在的图层建立剪贴蒙版。

Step09 将文字字体全部换为"思源"字体。

Step10 将"导航栏"图层上的文字和对勾与导航栏进行垂直居中对齐，对勾放置到右侧参考线，效果图如图7-24所示。

Step11 依次按【Alt】键、【V】键、和【E】键设置参考线垂直位置为360像素，将"吉祥物兔子"调整到相对居中的位置，如图7-25所示。

图7-24 效果图3

图7-25 将"吉祥物兔子"居中

Step12 将页面中其余的元素和背景图层进行垂直居中对齐。

Step13 将元素间的间距调整为偶数，如图7-26所示。

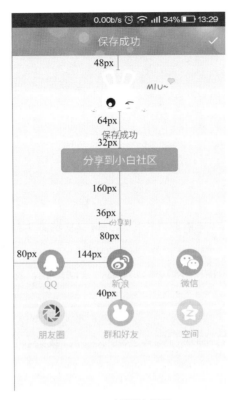

图 7-26　间距为偶数

Step14　至此"改版 Android 页面"完成，和 iOS 系统对比图如图 7-27 所示，最后按【Ctrl+S】组合键将文件保存到指定文件夹。

图 7-27　对比图

7.5 【实例10】标注登录页面

学习目标

掌握标注内容。

了解标注方法。

7.5.1 实例分析

根据实例的需求，明确哪些元素要进行标注，可以从标注方法和标注内容等方面分析实例。

1. 标注方法

标注方法有多种，此实例使用 PxCook 软件进行手动标注，也是对设计基准图进行再次的查漏补缺。

2. 标注内容

标注内容包含元素宽和高，板块与元素之间的距离、线条和色块色值、及文字字号和字体、字体颜色等。

7.5.2 实现步骤

1. 熟悉 PxCook 软件

🔊 **Step01** 打开 PxCook 软件，如图 7-28 所示，接着单击下一页面中的"立即运行"。

图 7-28　打开 PxCook 软件

🔊 **Step02** 直接将"登录 .psd"拖放到 PxCook 软件中，如图 7-29 所示。

图 7-29　使用 PxCook 打开登录页面

　　Step03　选中想要标注的内容，可以选择智能标注的尺寸、文本或区域进行标注，图 7-30 红框标识为可以进行点选的图标。

图 7-30　选择内容进行智能标注

　　Step04　也可以选择 PxCook 软件中其余工具进行手动标注，如图 7-31 红框标识所示。

图 7-31　手动标注工具

Step05 可设置标注的其他参数，如图7-32红框标识所示。

图7-32 设置标注的其他参数

Step06 可修改已经标注好的数值，避免因为几像素的误差而重新修改设计基准图，如图7-33所示。

2. 标注内容

Step01 选择"标注距离" ，将页面的布局层进行标注，如图7-34所示。

图7-33 修改标注数值

图7-34 标注页面布局层

Step02 选择"标注距离"，修改颜色为绿色。标注板块与板块的距离、元素与元素间的距离，如图7-35所示。

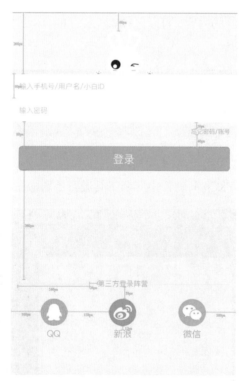

图7-35 标注板块元素间的距离

Step03 选择"智能标注" ，选中需要进行标注的区域内容，然后单击■按钮，会在页面中自动生成标注，设置轮廓颜色为蓝色，填充为无，如图7-36所示。

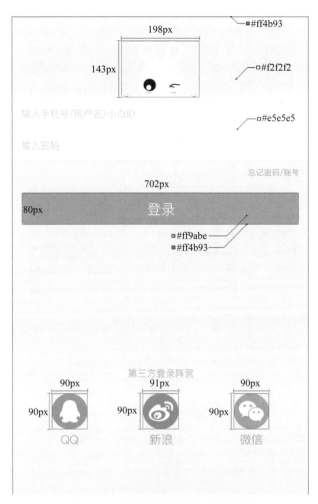

图 7-36　标注区域大小和色块色值

Step04　单击需要修改的数值，解决设计基准图的遗留问题，如图 7-37 所示。

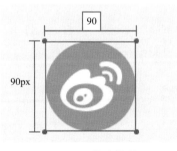

图 7-37　修改数值

Step05　选择"智能标注"，选中需要进行标注的文字，再次单击 T，自动生成标注，设置颜色为紫色，如图 7-38 所示。

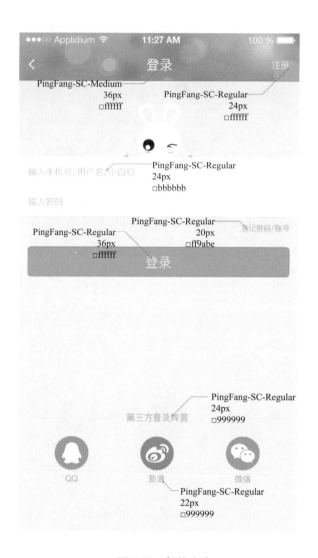

图 7-38　标注文字

 Step06　至此"标注登录页面"完成，按【Ctrl+S】组合键将扩展名是 .pxc 格式的源文件保存到指定文件夹，或按【Ctrl+T】组合键导出 PNG 格式。

7.6 ▶ 【实例11】发现页面切图

学习目标

掌握切图方法和原则。

了解切图命名规则。

7.6.1　实例分析

根据实例的需求，明确哪些元素要进行切图，可以从切图方法、切图内容和命名规则等方面分析实例。

1. 切图方法

切图方法有多种，此处使用 PxCook 软件进行切图。

2. 切图内容

只要是添加交互效果 icon 图标、控件都需要切图，以及代码书写比较困难的小图标也需要切图，图 7-39 红框标识所示为"发现"页面所需切图。搜索框不需要切图，只需要进行标注即可。而导航栏和状态栏上的背景底纹则需要保存成一张图片交由前端工程师。

图 7-39　"发现"页面

3. 命名规则

按照命名的通用规范进行命名。

7.6.2　实现步骤

Step01　打开 Photoshop CC 软件，拖放"发现 .psd"到软件中。

◎ Step02 在 Photoshop CC 软件中执行"编辑 ,首选项→增效工具"命令,选择"启用远程连接"选项并输入 6 位数密码。

◎ Step03 打开 PxCook 软件,单击右上角的切图工具,如图 7-40 所示。

图 7-40 PxCook 右上角的切图工具

◎ Step04 输入和 Photoshop CC 软件中相同的 6 位数密码,单击开始使用。

◎ Step05 在桌面新建文件夹为"切图",内部包含"发现页面的切图"和"共用"文件夹。而在"发现页面的切图"文件夹中包含"发现页面-@2x切图"和"发现页面-@3x切图"文件夹。

◎ Step06 更改图标所在图层组的名称,如"首页默认"更改为"tab_icon_home_nor",如图 7-41 所示。

图 7-41 更改名称为英文

◎ Step07 标签栏上的图标属于共用图标,更改 PxCook 的保存路径为"共用",如图 7-42 红框标识所示。

图 7-42 更改保存路径

◎ Step08 选中标签栏上需要切图的"tab_icon_home_nor"图标组,选择输出 @2x 和 @3x 的切图,然后单击切所选图层,图 7-43 所示为所切切图。

◎ Step09 将标签栏上的图标更改英文名称,如图 7-44 所示。全部选中并全部显示,然后单击切所选图层,只需要耐心等待几分钟就可以将所有图标切出。

图 7-43　切图

图 7-44　更改英文名称

🖱 Step10　切出的切图会出现一些小问题，图 7-45 红框标识所示为所需切图，其余的切图都是不需要的，只需将多余的切图删除即可。

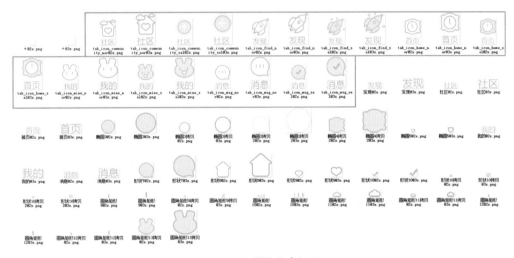

图 7-45　删除多余切图

🖱 Step11　将页面中其余图标命名，图 7-46 红框标识所示为需要切图命名的图标。

图 7-46　页面中需要切图命名的图标

Step12　选中内容区域需要切图的图标，选择输出 @2x 的切图，更改保存路径为"发现页面 _@2x 切图"，然后单击切所选图层。

Step13　选中内容区域需要切图的图标，选择输出 @3x 的切图，更改保存路径为"发现页面 _@3x 切图"，然后单击切所选图层。

Step14　图 7-47 红框标识的小箭头则需要增加空白面积，选择修改尺寸更改宽度和高度为 44 像素，图 7-47 所示为修改尺寸。

图 7-47　修改尺寸

Step15　背景底纹"泡泡"，则需要单独给前端工程师一个大尺寸 1242×186 像素的图片即可，放到"共用"文件夹中。

Step16　至此"发现页面切图"所需切图全部完成，将"发现 .psd"重新命名为"改名后的发现"然后存储。

第8章

网站页面布局和模块设计

📖 学习目标

了解常规网站的布局。

熟悉网页中各个模块的设计规范。

掌握网页基本模块的设计方法。

在设计网站界面时，将页面中的模块进行规范化的设计和合理的布局，能够实现网页内容的结构化，使访问者直观、迅速地找到需要的信息。然而该如何对网页进行布局？又该怎样设计网页中的各个模块呢？本章将对上述问题进行详细讲解。

8.1 ▸ 网站页面布局

超市排放商品时，理货员会按照不同的种类和价位摆放商品，这样有助于消费者方便、快捷地选购自己需要的商品。同样在网页设计中也需要对网页内容进行分类，使其系统化、结构化，便于浏览者寻找信息。本节将对网站的常见布局进行详细讲解。

8.1.1 网站UI视觉规律

通常网站的访问者不会将网页内容全部阅读，而是采取避重就轻的原则，阅读一些醒目的内容或者感兴趣的信息（如图 8-1 所示的视觉焦点分布图）。因此在进行网页布局前，首先要了解一下网站访客的浏览模式。根据人眼视觉习惯，访客在浏览网页时主要分为 F 模式和 Z 模式两种方式。

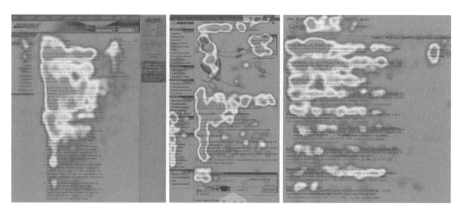

图 8-1　视觉焦点分布图

1. F 模式

F 模式是指用户沿着左侧垂直浏览而下，先去寻找页面中每个段落开头的兴趣点，如果发现了感兴趣的点，用户就会从该处开始沿水平线方向的阅读。最终结果就是用户的视线呈 F 型，如图 8-2 所示。

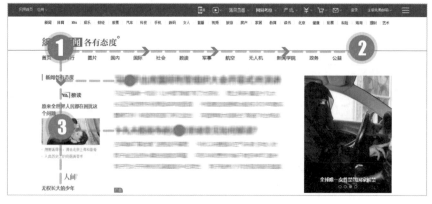

图 8-2　F 模式

值得一提的是，通常 F 模式会出现在一些以文字为主的网页中，例如博客、论坛等。用户一般极少逐字阅读文字，因此初始段落，副标题和要点都要保持醒目。

2．Z 模式

Z 模式是指用户的浏览视线沿着从左到右自上而下的阅读方式。用户首先关注的页头水平方向的内容，当视线抵达尾部时则又重复遵循着水平方向从左到右的习惯模式，人眼以这种模式移动时，浏览视线形成了一个虚构的"Z"形，如图 8-3 所示。

图 8-3　Z 模式

Z 模式几乎可以适用到任何的网页交互，能够将重要信息自然而然地突出。Z 模式的优点就是简单，简化布局可以增加转化率。

8.1.2　常见的网页布局方式

在设计网页时，需要根据不同的网站性质和页面内容选择合适的布局形式，下面介绍一些常见的网页布局方式。

1．"国"字型布局

"国"字型布局是网页上使用最多的一种结构类型，是综合性网站页面中常用的版式。通常上方为引导栏、header、导航栏，中间为内容区，最底端为版权信息。将内容区分为左、中、右三大块，通常左右两侧为导航、友情链接，中间为内容区域，如图 8-4 所示。此类型的版面优点是页面充实、内容丰富和信息量大，缺点是页面拥挤、不够灵活。

2．"T"型布局

"T"型布局与"国"字型布局很相近，页面上方一致，仅仅只是在形式上略有区别。网页上边和左右相结合的布局，通常右边为主要内容，所占比例比较大。如图 8-5 所示。在实际运用中还可以改变"T"型布局的形式，如左右两栏式布局，一半是正文，另一半是形象的图像或导航栏。此类型的版面优点是页面结构清晰、主次分明、易于使用，缺点是规矩呆板。

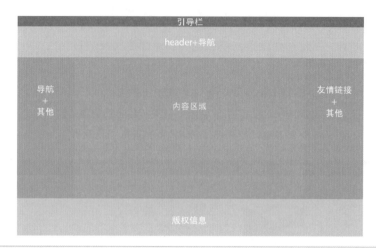

图 8-4 "国"字型

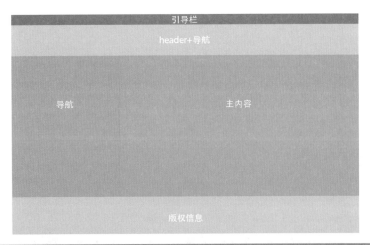

图 8-5　"T"型布局

3. 标题正文型布局

标题正文型布局即上方为网页标题或类似的一些内容，中间为正文部分，下方为版权信息。一般是文章、登录页等采用居多，里面包含着大量的文字信息。如知乎里的文章详情均采用这种布局，如图 8-6 所示。

图 8-6　标题正文型布局

4. 左右分割型布局

左右分割型布局结构，就是把整个版面分割为左右两个部分，分别在左或右配置文案。通常会在其中一侧放置一列文字链接，在文字链接上方会有标题或logo。此类型网页布局，结构清晰、一目了然，如图8-7所示。

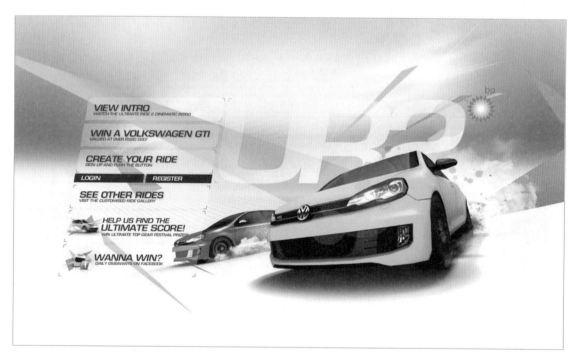

图 8-7　左右分割型布局

5. 上下分割型布局

与左右分割的布局结构类似，区别仅仅在于上下框架页面的导航和logo在上方，正文内容在下，如图8-8所示。

图 8-8　上下分割型布局

6. 封面型布局

此类型布局基本出现在一些网站的首页，大部分直接使用极具设计感的图像或动画作为网页背景，然后添加一个"进入"按钮即可。此类型布局方式十分开放自由，可以给用户带来赏心悦目的感受，如图 8-9 所示。

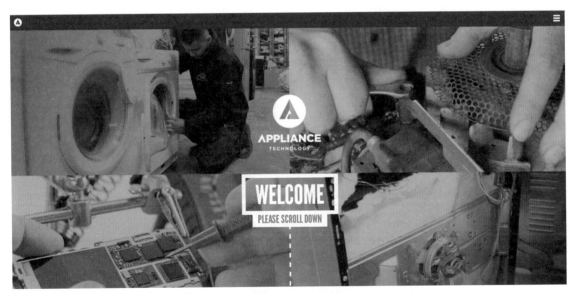

图 8-9　封面型布局

8.2 网站Logo设计

网站 logo 是网站特色和内涵的集中体现,有利于传递网站的定位和经营理念,便于用户识别。本节将从 logo 概述、网站 logo 的作用、网站 logo 表现形式和网站 logo 设计流程四个方面进行详细讲解。

8.2.1 Logo 概述

logo 中文译为"标志",标志是代表特定的事物,具有象征意义的图形符号。首先认识一下与标志相关的几个容易混淆的概念。

(1) mark(标记),指的是看得见的记号、痕迹,mark 不一定是 logo。

(2) symbol(符号、象征),symbol 更强调符号的象征意义。

(3) sign(标识),sign 一定不是 logo,sign 是只具有指示功能的符号。

(4) brand(品牌),brand 是超越 logo 代表更多内涵的信息综合体。logo 是 brand 的核心视觉外延。

传统的 logo 设计,重在传达形象和信息,通过形象的标志可以让消费者记住公司主体和品牌文化。网站 logo 与传统 logo 设计有着很多相通性,但是二者仍有一些差异。如网站 logo 占的面积更小,要求设计更加简单直观,同时也要兼顾美观。网络中的 logo 主要是用来与其他网站链接的图形标志,代表着一个网站或者网站的一个版块,如图 8-10 所示。

图 8-10　网站 logo

8.2.2 网站 Logo 的作用

网站 logo 是网站 UI 设计的一个重要组成部分,在网页中起到不可替代的作用。

1. 传递信息

一个好的 logo 往往会反映网站及设计者的某些信息或意图,特别是对一个商业网站来说,访问者可以从中基本了解到这个网站的类型或者内容。

2. 树立形象

网站 logo 是企业形象的代表,企业强大的整体实力、完善的管理机制、优质的产品和服务,都被涵盖于标志之中。通过不断的刺激和反复刻画,可深深地留在受众心中。

3. 利于竞争

网站 logo 被赋予明确的意义和目的,优秀的 logo 个性鲜明,视觉冲击力强,便于识别,促进消费,并能使网站访问者产生美好的联想,有利于在众多的品牌中脱颖而出。

8.2.3　网站 Logo 表现形式

根据形式进行分类，网站 logo 一般分为特定图形、特定文字和字图结合三种类型。

1. 特定图案

特定图案指的是通过特定的图案代表 logo，如腾讯企业采用生活在地球极端的企鹅，用企鹅代表 QQ 网络可以联络地球两端，网络无处不在，沟通更加方便。以企鹅的形象去代表企业的品牌价值和服务理念。特定图案的优点是用户容易记忆图案本身，具有明确的识别性；而缺点是特定图案的认知过程是一个相对曲折的过程，可是一旦建立联系，印象就会比较深刻。图 8-11 所示为腾讯的企鹅。

图 8-11　特定图案

2. 特定文字

文字本身属于表意符号。特定文字将文字适当加以变形，用一种形态加以统一。这样设计出的 logo 含义明确直接，更易于被理解认知，对所表达的理念也具有说明的作用，如图 8-12 所示。其优点是特定文字的造型丰富讲究，其个性特征针对主题而言更为明确；缺点是由于文字本身的相似性，很容易造成用户的记忆模糊。

3. 字图结合

字图结合是一种表象、表意的综合，指文字与图案结合的设计，兼具文字与图案的属性。图文并茂，相互衬托又相互补充。字图结合并不是将图形和文字简单的拼凑组合，而是发挥两者各自的优势，完美地融合在一起，例如图 8-13 所示的苏宁易购的 logo 就是一个经典的字图结合类型。字图结合类型 logo 的优点是鲜明的图案和明了的文字使 logo 的信息传达更为快速，更易于理解；缺点是字图结合的设计容易烦琐花哨，还要考虑组合形式。

图 8-12　特定文字

图 8-13　字图结合

8.2.4　网站 Logo 设计流程

对于网站 logo 设计流程，通常包含着调研分析、挖掘要素、设计开发、标志修正四方面，从而设计出符合企业定位的 logo。

1. 调研分析

依据企业的构成结构、行业类别和经营理念，并充分考虑标志接触的对象和应用环境，为企业制定标准视觉符号。在设计之前，首先要对企业做全面深入的了解，包括经营战略、市场分析、企业领导者意愿以及对竞争对手的了解，这些都是标志设计的重要依据。

2. 挖掘要素

依据对调查结果的分析，提炼出标志的结构类型和色彩取向，列出标志所要体现的精神和特点，挖掘相关的图形元素，找准标志的设计方向。只要通过认真的思考和总结规律，就会做到定位准确，并起到事半功倍的效果。

3. 设计开发

对企业的全面了解和对设计要素的充分掌握后，可以从不同的角度和方向进行设计开发工作。设计师通过对标志的理解，充分发挥想象，用不同的表现方式，将设计要素融入设计中，标志要达到含义深刻、特征明显，避免大众化。不同的标志所反映的侧重或表象会有区别，经过讨论分析修改，找出适合企业的标志。

4. 标志修正

提案阶段确定的标志，可能在细节上还不太完善。通过对标志的标志墨稿、反白效果稿、线稿应用、标准化制图和标志网格制图等不同表现形式的修正，使标志更加规范。

8.3 ▶ 网站导航设计

导航是网页UI设计中不可或缺的基础元素，是网站信息结构的基础分类，是用户浏览信息的路标。用户通过导航可以直观地了解网站的内容及信息的分类方式。本节将详细介绍网站导航设计的相关知识。

8.3.1 认识网站导航

网站导航是为了方便用户在网页间来回切换，引导用户在网站中到达想要到达的位置，通常位于网页的上端，网站导航的设计应更加直观而准确，并最大限度地为用户方便而考虑，查找信息更快捷，操作更简便，导航设计决定着用户是否方便使用该网站。图8-14红框标识所示为优设网的导航。

图8-14　网站导航

8.3.2 网站导航的作用

1. 引导页面跳转

网站页面中各种形式与类型的导航都是为了帮助用户更加方便地跳转到不同的页面。图8-15所示导航为竖式形式。

图8-15　引导页面跳转

2. 定位用户的位置

导航可以帮助用户识别当前页面与网站整体内容的关系，以及当前页面与其他页面之间的关系。图 8-16 所示为爱乐奇网站中内容页面,并对"内容"导航文字变色区别于其他导航文字。

图 8-16 定位用户位置

3. 理清内容与链接的关系

网站的导航是对网站整体内容的一个索引和高度概括,功能类似于书本的目录,可以帮助用户快速找到相关的内容和信息。

8.3.3 导航在网站中的位置

导航类似于灯塔,起到为用户浏览提供指引的作用。将导航放置到何处才可达到既不过多占用空间,又方便用户使用?

1. 顶部导航

由于早期网页技术不发达,以及受浏览器属性的影响,通常在下载网页的相关信息时都是从上到下进行的,因此将重要的导航放置到网页的顶部。顶部导航不仅节省网站页面的空间,而且符合人们长期以来的视觉习惯,如图 8-17 红框标识所示。需要注意的是在网站页面信息过多时,采用顶部导航可以起到节省页面空间的作用,当页面信息较少时则使页面过于空洞。

图 8-17 顶部导航

2. 底部导航

为了追求更加多样化的网站布局形式,底部导航对上面区域的限制因素比其他布局结构要小,可以为公司品牌等留下足够的空间。通常底部导航多见于汽车网站中,图 8-18 红框标识的位置,即为某汽车网站的底部导航。但是底部导航由于受显示器有效可视区域的影响,有时会显示不全。因此,在网页中应少使用底部导航。

3. 左侧导航和右侧导航

在网络发展初期,将导航放置在网页左侧是最常用的,而且符合用户自左向右的视觉浏览习惯,如图 8-19 所示。然而放置到右侧更方便用户使用鼠标点击操作,如图 8-20 所示。使用左侧或右侧导航,会突破原有的网页布局结构,给用户耳目一新的感觉。

图 8-18　底部导航

图 8-19　左侧导航

图 8-20　右侧导航

8.3.4　网站导航形式

1. 标签形式导航

在一些图片比较大、文字信息提供量少、网页视觉风格比较简单的网页中，标签形式的导航比较常用，如图 8-21 红框标识所示。

图 8-21　标签形式导航

2. 按钮形式导航

按钮形式的导航是最传统的也是最容易让用户理解为单击的导航形式，按钮可以制作为规则或不规则的外形，以引导用户更好使用，如图 8-22 红框标识所示。

图 8-22　按钮形式导航

3. 弹出菜单式导航

由于网页的空间是有限的，为了能够节省页面的空间，而又不影响网站导航更好地发挥其作用，因此网页出现了弹出菜单式导航。当将鼠标放在文字导航上时，菜单随机就会弹出，不仅增添了网站的交互效果、节省了页面空间，而且使整个网站更具活力，如图 8-23 所示。

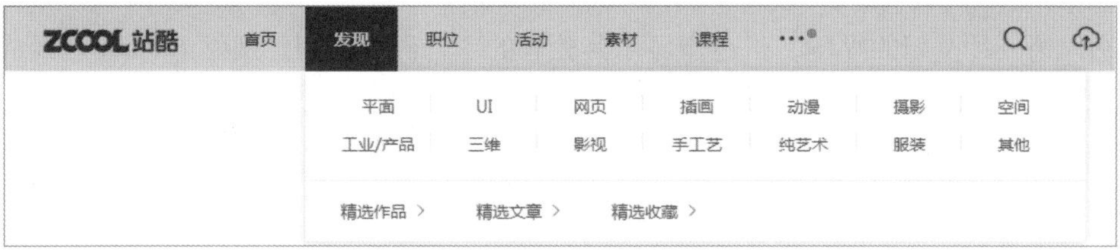

图 8-23　弹出菜单式导航

4. 无框图标形式导航

无框图标形式导航是指将图标去掉边框，使用多种不规则的图案或线条。在网站 UI 设计中，使用此形式导航不仅给人以活泼感，而且能够增强网页的趣味性，丰富网站的页面效果，如图 8-24 红框标识所示。

图 8-24　无框图标形式导航

5. 多导航系统形式

多导航系统多用于内容较多的购物类网站中，导航内部可以采用多种形式进行表现，以丰富网页效果，每个导航的作用都是不同的，不存在从属关系，如图 8-25 红框标识所示，为京东网站的导航。

图 8-25　多导航系统形式

8.4 ▶ 网站Banner设计

网站作为一种全新的媒体，正逐步显示其独有的广告价值空间。网站 Banner 已经成为网络中最主要的广告形式，本节将详细介绍网站 Banner 设计的相关知识。

8.4.1　认识网站 Banner

Banner 一般翻译为网幅广告、旗帜广告、横幅广告等，狭义地说是表现商家广告内容的图片，是互联网广告中最基本、最常见的广告形式，如图 8-26 所示。

图 8-26　最常见的 Banner 形式

当用户访问电商网站时，第一眼获取的信息非常关键，直接影响用户在网站停留时间和访问深度。然而仅凭文字的堆积，很难直观又迅速地传递给用户关键信息，这时就需要 Banner 将文字信息图片化，通过更直观的信息展示提高页面转化率，因此 Banner 的设计十分重要。

Banner 一般使用 gif 格式的图像文件，可以使用静态图形，也可用多帧图像拼接为动画图像。随着互联网的发展，新兴的 Rich Media Banner(富媒体广告)赋予了横幅更强的表现力和交互内容，但一般需要用户使用的浏览器插件支持。

8.4.2　Banner 设计特点

因为 Banner 设计应用在网站中，所以与传统纸媒设计相比较其特点略有不同。除了设计应该遵循的视觉美观、色调统一、形式突出等特点外，Banner 还具有以下两个特点：

1. 大小限制严格

为了提高网页的加载速度，设计 Banner 时，对其尺寸大小要求比较严格。一般需将 Banner 的大小控制在 50 kb 以内，分辨率设置为 72 像素 / 英寸。过大的 Banner 会使加载速度过慢影响浏览网页的速度和用户心情，从而直接影响网站的转化率。

2. 可以被点击

和传统纸媒最大的区别是，Banner 一般都有链接，可以通过单击 Banner 引领用户进入并了解详情。可以被点击的互动性，是 Banner 与其他设计特点最大的不同了。通过点击率，也可以直观反映出 Banner 的被认可程度。由于点击会进入深入介绍的页面，页面的统一性和连续性也需要在 Banner 中体现。

8.4.3　Banner 设计原则

通过以上 Banner 设计特点可以得出，Banner 的存在就是为了迅速传递信息，提高转化率。

以此特点为基准，能够总结 Banner 在设计方面需要注意的原则。做到这些原则，可以使 Banner 最大化地实现争取眼球、深入浏览的效果。

1. 对齐原则

对齐原则指的是相关的内容要对齐，方便用户视线快速移动，一眼看到最重要的信息，如图 8-27 所示。当然，关于对齐原则，有些时候是设计师为了美观而设计的。

图 8-27　对齐原则

2. 聚拢原则

聚拢原则是将内容分成几个区域，相关内容都聚在一个区域中。一个 Banner 最好只有一个主题，不论是文字信息还是图片信息都是为了这个主题服务的，如图 8-28 所示。

图 8-28　聚拢原则

3. 留白原则

在设计中不要把 Banner 中的内容排得过满，要留出一定的空间，这样既减少了 Banner 的压迫感，又可以引导读者视线，突出重点内容，如图 8-29 所示。过多的话语、图片和元素反而会导致广告毫无效果。

图 8-29　留白原则

4. 降噪原则

颜色过多、字体过多、图形过繁，都是分散读者注意力的"噪音"，所以整合很关键，将不同元素整合、去其冗杂，就能达到降噪的目的，如图 8-30 所示。

图 8-30　降噪原则

5. 对比原则

加大不同元素的视觉差异，这样既增加了 Banner 的活泼程度，又突出了视觉重点，方便用户一眼浏览到重要的信息，如图 8-31 所示。

图 8-31　对比原则

以上原则内容概括出 Banner 设计最主要的原则——醒目。

8.4.4　Banner 构图方式

构图是指在平面的空间中安排和处理对象的位置和关系，把局部的元素组成一个整体的画面，以表现构思中预想的艺术形象和审美效果。Banner 的构图有以下几种基本形式。

1. 左右式

左右式是最常见的构图方式，该构图方式分别把主题元素和主标题左右摆放，直观展示文案和图像，给人稳定、直观的感觉，如图 8-32 所示。

图 8-32　左右式 Banner

2. 正三角式

采用正三角形构图，可以使Banner展示立体感强烈，重点突出，构图稳定自然，空间感强，此类构图方式给人安全感和可靠感，如图8-33所示。

图8-33　正三角式Banner

3. 倒三角式

采用倒三角形构图，一方面突出强烈的空间立体感，同时构图动感活泼，通过不稳定的构图方式，激发创意感，给人运动的感觉，如图8-34所示。

图8-34　倒三角式Banner

4. 对角线式

采用对角线构图方式能够改变常规的排版方式，适合组合展示，比重相对平衡，构图上活泼稳定，且有较强的视觉冲击力，如图8-35所示。

图8-35　对角线式Banner

5. 扩散式

扩散式构图运用射线、光晕等辅助图形对图片主体进行突出，构图活泼有重点，次序感强，利用透视的方式围绕口号进行表达，给人以深刻的视觉印象，如图8-36所示。

图8-36　扩散式Banner

8.5 【实例12】咨询公司Logo

学习目标

　　掌握网站 LOGO 的表现形式。

　　熟悉网站 LOGO 的设计流程。

8.5.1　实例分析

　　按照网站 logo 的设计思路分模块进行剖析，通过绘制基本图形来构成 logo 外观框架，适当调整角度表现出立体感，并添加背景底板使 logo 更加夺人眼球，最终效果图如图 8-37 所示。

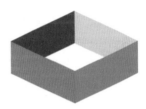

　　1. 尺寸规范：本实例的 logo 尺寸没有具体要求，明确网站 logo 最终放置位置是 header。

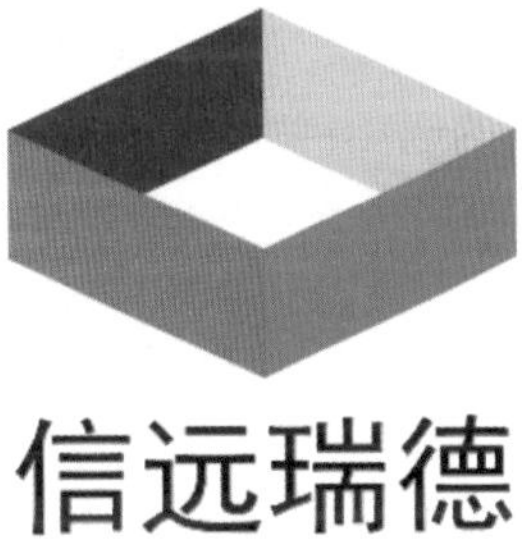

　　2. 设计流程：对于咨询公司的 logo 设计，首先进行调研分析和挖掘要素，明确公司定位与设计理念，咨询公司以稳固的几何体为理念，要求以简单明快的几何造型进行设计。

图 8-37　咨询公司 logo

　　3. 表现形式：实例采用图案结合文字的形式进行设计。

　　(1) 特定图案：以平行四边形搭建结构框架，通过概括和抽象等表现形式，对其设计理念再次概括凝练。

　　(2) 文字：由于几何体的相似性，很容易造成用户的记忆模糊，在设计时将文字作为 logo 的补充出现。

8.5.2　实现步骤

　　1. 绘制 Logo 的基本形状

　　🔎 Step01　打开 Photoshop CC 软件，按【Ctrl+N】组合键，在"新建"对话框中设置"名称"为【实例12】：咨询公司 Logo、"宽度"为 800 像素、"高度"为 800 像素、"分辨率"为 72 像素 / 英寸、"颜色模式"为 RGB 颜色、"背景内容"为白色。单击"确定"按钮，完成画布的创建。

　　🔎 Step02　在工具箱中选择"矩形工具"，在其选项栏中设置"工具模式"为形状，如图 8-38 所示。

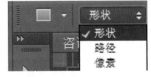

图 8-38　修改"工具模式"

　　🔎 Step03　在选项栏中单击"填充"右侧图标▉，弹出下拉面板，选择"纯色"按钮▉，单击"拾取器"图标▉，如图 8-39 所示；弹出"拾色器"对话框，设置颜色值为 RGB：30、40、85，如图 8-40 所示。

纯色　　　拾色器

图 8-39　下拉面板

图 8-40　"拾色器"对话框

💿 Step04　在选项栏中单击"描边"右侧图标，弹出下拉面板中"无颜色"按钮，设置后的选项栏如图 8-41 所示。

图 8-41　"矩形工具"选项栏

💿 Step05　在画布中单击，弹出"创建矩形"对话框，设置"宽度"为 240 像素、"高度"为 120 像素，如图 8-42 所示。单击"确定"按钮，效果如图 8-43 所示。在"图层"面板中，得到"矩形 1"。

图 8-42　"创建矩形"对话框

图 8-43　绘制的矩形

💿 Step06　执行"编辑→自由变换"命令（或按【Ctrl+T】组合键），矩形边缘出现定界框，如图 8-44 所示。右击弹出菜单列表，选择"斜切"命令。将鼠标置于定界框右侧边点，当光标形状变为时，单击不放并向上拖动鼠标，如图 8-45 所示。按【Enter】键确定"自由变换"命令。

图 8-44　定界框

图 8-45　"斜切"命令

2. 绘制 Logo 其他部分

◉ Step01　在"图层"面板中，右击"矩形 1"选择"复制图层"命令（或按【Ctrl+J】组合键），在弹出的"复制图层"对话框中，单击"确定"按钮，可生成"矩形 1 拷贝"。

◉ Step02　在"矩形工具"选项栏中设置"填充"为红色（RGB：240、70、50），效果如图 8-46 所示。

◉ Step03　按【Ctrl+T】组合键，在定界框上右击选择"垂直翻转"命令，效果如图 8-47 所示。

◉ Step04　轻移"矩形 1 拷贝"到适当位置，如图 8-48 所示。按【Enter】键确定"自由变换"命令。

图 8-46　更改"矩形 1 拷贝"颜色

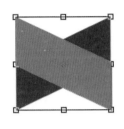
图 8-47　"垂直翻转"命令

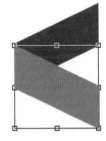
图 8-48　移动"矩形 1 拷贝"

◉ Step05　在"图层"面板中，按住【Ctrl】键的同时，单击"矩形 1"，将"矩形 1"和"矩形 1 拷贝"同时选中，效果如图 8-49 所示。

◉ Step06　按【Ctrl+J】组合键，得到"矩形 1 拷贝 2"和"矩形 1 拷贝 3"。选择"移动工具"，按住【Shift】键，将"矩形 1 拷贝 2"和"矩形 1 拷贝 3"向右移至合适位置，效果如图 8-50 所示。

◉ Step07　按【Ctrl+T】组合键，在定界框上右击选择"水平翻转"命令，效果如图 8-51 所示。按【Enter】键确定"自由变换"命令。

图 8-49　选择图层

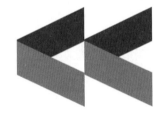
图 8-50　移动位置

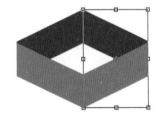
图 8-51　"水平翻转"命令

◉ Step08　在"图层"面板中，选择"矩形 1 拷贝 3"，在选项栏中设置"填充"为蓝色（RGB：25、110、180）；选择"矩形 1 拷贝 2"，在选项栏中设置"填充"为黄色（RGB：255、205、0），效果如图 8-52 所示。

◉ Step09　使用"文字工具"，设置字体为"黑体"，字号为"120 像素"，字体颜色为黑色（RGB：0、0、0），输入文字内容为"信远瑞德"。

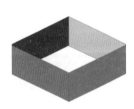
图 8-52　颜色填充

◉ Step10　按【Ctrl+S】组合键，将文件保存在指定文件夹。

8.6 【实例13】导航设计

学习目标

掌握网站导航的作用。

理解网站导航设计标准。

了解网站导航形式。

8.6.1 实例分析

本实例设计一款 header 和网站导航合并的导航栏，导航的设计不需要特别复杂，简洁、直观是表现的重点。

1. 颜色运用

本实例已有的公司 logo 是白色，如图 8-53 所示。关于学习类型的网页设计通常会选用冷色调来代表公司的严谨，此实例在 logo 后方的背景底色选用蓝色。而导航栏则选用深灰色并搭配白色的导航文字，给用户沉稳感，使得导航设计清晰简洁。

图 8-53　为知笔记 logo

2. 位置

左侧放置公司 logo，右侧放置文字导航的形式，符合大多数人们浏览网页视觉的习惯。

3. 选择状态

选择状态分为选中、未选中、鼠标滑过三种状态，导航栏上的文字导航要明确设计出状态的区别。

8.6.2 实现步骤

1. 绘制背景

🔘 Step01　打开 Photoshop CC 软件，按【Ctrl+N】组合键，在"新建"对话框中设置"名称"为【实例13】：导航设计、"宽度"为 1920 像素、"高度"为 90 像素、"分辨率"为 72 像素 / 英寸、"颜色模式"为 RGB 颜色、"背景内容"为白色。单击"确定"按钮，完成画布的创建。

🔘 Step02　使用"矩形工具"绘制 1000×90 像素的矩形，和背景进行底对齐和水平居中对齐，拉参考线贴紧矩形的两边，设置版心的宽度为 1000 像素，如图 8-54 所示。

图 8-54　设置版心

🔍 Step03　将"矩形 1"隐藏，再次使用"矩形工具"绘制 1920×90 像素的矩形，颜色为深灰色（RGB：41、41、41），并命名为"导航栏"。

🔍 Step04　给"导航栏"图层添加"斜面和浮雕"和"渐变叠加"图层样式，具体参数如图 8-55 和图 8-56 所示。渐变叠加颜色具体设置如图 8-57 所示。

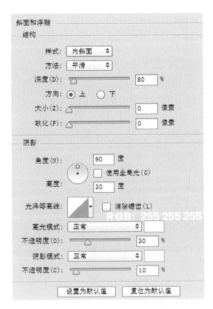

图 8-55　斜面和浮雕参数

图 8-56　渐变叠加参数

🔍 Step05　新建图层命名为"磨砂"，按【Ctrl+A】组合键将图层全选后填充黑色。

🔍 Step06　执行"滤镜→杂色→添加杂色"命令，具体参数设置如图 8-58 所示。

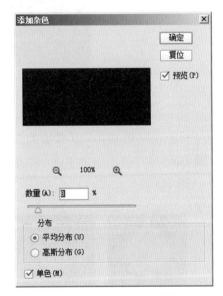

图 8-58　添加杂色参数

图 8-57　渐变叠加颜色设置

🔍 Step07　将"磨砂"图层混合模式选"滤色"，并降低不透明度为 50%，效果图如图 8-59 所示。

图 8-59　磨砂效果图

2. 绘制内部元素

🔖 **Step01**　使用"直线工具"[图]，绘制长为 1920 像素深灰色（RGB：30、30、30）的虚线，调整虚线的间隙具体参数如图 8-60 所示，并命名该图层为"线"。

🔖 **Step02**　给"线"图层添加"投影"图层样式，具体参数设置如图 8-61 所示。

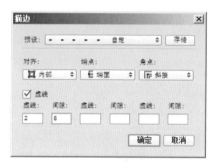

图 8-60　设置虚线间隙

图 8-61　投影参数

🔖 **Step03**　复制"线"图层，将线分别放置到距离画布上下方 10 像素的位置，如图 8-62 所示。

图 8-62　线的位置

🔖 **Step04**　绘制 220×70 像素的矩形，颜色为蓝色（RGB：46、151、219）。

🔖 **Step05**　绘制 10×10 像素的正方形，倾斜 45°角后，将上方锚点向下压缩，如图 8-63 所示。

🔖 **Step06**　将小三角锚点全部选中，按【Ctrl+Alt+T】组合键进行复制，并挪动位置到如图 8-64 所示。

图 8-63　压缩锚点

图 8-64　复制小三角挪动位置

🔖 **Step07**　单击【Enter】键后，再按【Shift+Ctrl+Alt+T】组合键对小三角进行多次复制，

如图 8-65 所示。

Step08 将 220×70 像素的矩形，宽度变为 223 像素。将大的矩形和小的三角形按【Ctrl+E】组合键进行合并，并命名该图层为"底板"。

图 8-65 多次复制小三角

Step09 为"底板"图层添加"斜面和浮雕""内阴影""渐变叠加""投影"图层样式，具体参数设置如图 8-66 ~ 图 8-69 所示，其中"渐变叠加"具体颜色设置如图 8-70 所示。

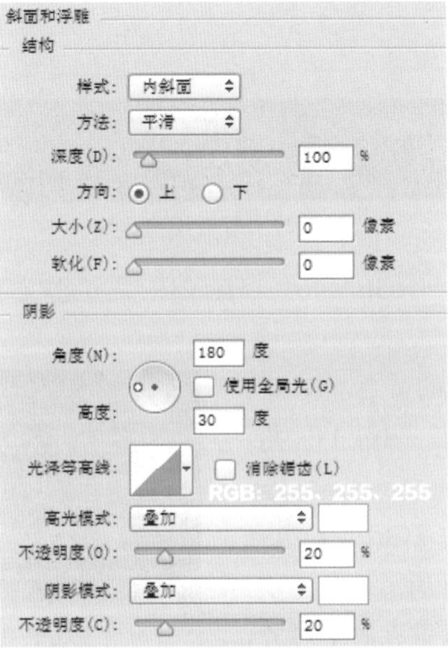

图 8-66 斜面和浮雕参数

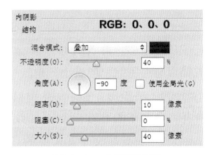

图 8-67 内阴影参数

图 8-68 渐变叠加参数

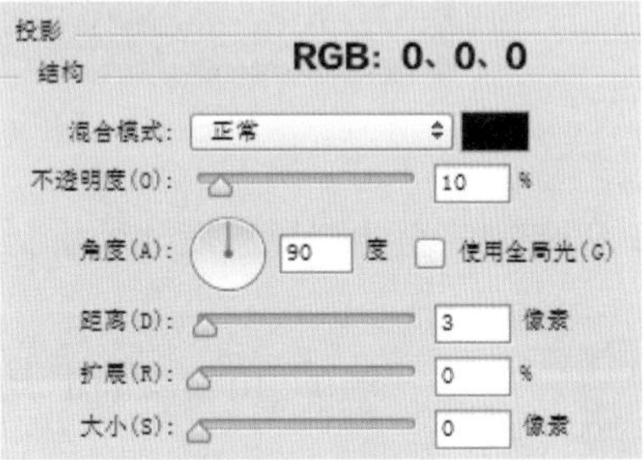

图 8-69 投影参数

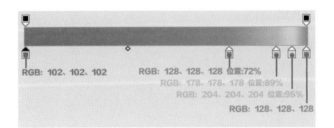

图 8-70 渐变叠加颜色设置

Step10 将"底板"放置到距离左侧参考线20像素的位置。拖放"为知笔记logo.png"素材到画布中,和"底板"图层进行垂直居中对齐和水平居中对齐,效果图如图8-71所示。

3. 文字导航

Step01 选择"文字工具"设置字体为"微软雅黑",字号为"18像素",设置消除锯齿的方法为"无",字体颜色为白色(RGB:255、255、255),间隔为12个空格,输入文字内容如图8-72所示。

图 8-71 效果图

图 8-72 导航文字内容

Step02 选择"关于"更改文字颜色为蓝色(RGB:46、151、219),并将文字加粗,表示鼠标悬浮状态。

Step03 选择"矩形工具",绘制80×2像素的蓝色(RGB:46、151、219)矩形。再绘制10×10像素蓝色正方形,倾斜45°角,并将下方锚点向上压缩,形成小三角。

Step04 将矩形2和矩形3图层底对齐,并按【Ctrl+E】组合键进行合并,命名该图层为"选中",效果图如图8-73所示。

Step05 将导航文字和隐藏的"矩形1"进行垂直居中对齐,最终效果图如图8-74所示。

图 8-73 选中效果图

图 8-74 最终效果图

Step06 至此"导航设计"绘制完成,按【Ctrl+S】组合键将文件保存到指定文件夹。

8.7 【实例14】耳麦Banner

学习目标

理解 Banner 设计特点。

熟悉 Banner 设计原则。

了解 Banner 构图方式。

8.7.1　实例分析

Banner 设计首先需要明确设计的是什么产品，然后发挥头脑风暴对设计产品剖析。

1. 尺寸规范

本实例的 Banner 设计尺寸为 1000×360 像素。

2. 设计原则

本实例采用聚拢原则将内容主体集中在中心区域，Banner 中字体选择不超过 3 种，避免因字体过多而导致视觉分散。

8.7.2　实现步骤

1. 置入主体素材

🔍Step01　打开 Photoshop CC 软件，按【Ctrl+N】组合键，在"新建"对话框中设置"名称"为【实例 14】：耳麦 Banner、"宽度"为 1 000 像素、"高度"为 360 像素、"分辨率"为 72 像素 / 英寸、"颜色模式"为 RGB 颜色、"背景内容"为白色。

🔍Step02　按【Ctrl+O】组合键，在"打开"对话框中选择如图 8-75 所示的所有素材文件。

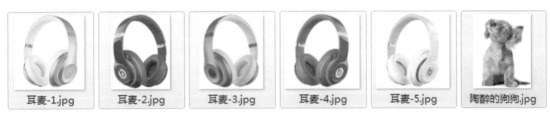

图 8-75　打开素材图像

🔍Step03　将"陶醉的狗狗"拖放到文件中。在"图层"面板中，得到"图层 1"。

🔍Step04　按【Ctrl+T】组合键，将"陶醉的狗狗"（大约为 239×315 像素），并移至适当位置，如图 8-76 所示。

🔍Step05　切换到素材图像"耳麦 -1"，如图 8-77 所示。选择"魔棒工具" ，在选项栏中设置"容差"为 5、选择"消除锯齿"选项、选择"连续"选项，如图 8-78 所示。

图 8-76　置入素材"陶醉的狗狗"

图 8-77　素材图像"耳麦 -1"

图 8-78　魔棒工具选项栏

Step06 在"耳麦-1"外侧的白色背景上单击,效果如图8-79所示,将白色背景载入选区。

Step07 按住【Shift】键的同时,单击"耳麦-1"内侧的白色背景,将其加选到选区中,如图8-80所示。

Step08 执行"选择→反向"命令(或按【Ctrl+Shift+I】组合键),可以反转选区。此时,"耳麦-1"载入选区,如图8-81所示。

图8-79 使用魔棒工具选择　　　图8-80 加选选区　　　图8-81 反向选择

Step09 选择"移动工具",将"耳麦-1"拖放至"【实例14】:耳麦Banner"文件中。在"图层"面板中,得到"图层2"。

Step10 按【Ctrl+T】组合键,调整"耳麦-1"的大小、角度和位置,使耳麦的听筒一端贴在狗狗的耳朵上,如图8-82所示。

Step11 选择"橡皮擦工具" ,在选项栏中设置"笔尖形状"为硬边圆,"大小"为15像素,将狗狗脸部多余的耳麦擦除,效果如图8-83所示。

图8-82 调整耳麦　　　　　　　　図8-83 擦除多余部分

Step12 在"图层"面板中,同时选择"图层1"和"图层2",右击选择"转换为智能对象"命令,可将两个图层打包成为一个"智能对象",如图8-84所示。

Step13 执行"图层→重命名图层"命令,图层名称会进入可编辑状态,如图8-85所示。输入名称"狗狗听歌",按【Enter】键确认,如图8-86所示。

图8-84 转换为智能对象　　　图8-85 可编辑状态　　　图8-86 输入名称

2. 置入耳麦素材

⚙ Step01　切换到素材图像"耳麦 -2",如图 8-87 所示。选择"魔棒工具",单击"耳麦 -2"外侧的白色背景。按住【Shift】键的同时,单击"耳麦 -2"内侧的白色背景,将其加选到选区中,如图 8-88 所示。

⚙ Step02　按【Ctrl+Shift+I】组合键,可以反转选区。此时,"耳麦 -2"载入选区,如图 8-89所示。

图 8-87　素材图像"耳麦 -2"　　　　图 8-88　加选选区　　　　图 8-89　反选选区

⚙ Step03　将"耳麦 -2"拖放到"【实例 14】:耳麦 Banner"文件中。在"图层"文件中,得到"图层 1"。

⚙ Step04　重复 Step01~03 的操作,将"耳麦 -3"(见图 8-90)、"耳麦 -4"(见图 8-91)和"耳麦 -5"(见图 8-92)逐一载入选区置入"【实例 14】:耳麦 Banner"中,得到"图层 2""图层 3"和"图层 4"。

图 8-90　素材图像"耳麦 -3"　　　图 8-91　素材图像"耳麦 -4"　　　图 8-92　素材图像"耳麦 -5"

⚙ Step05　同时选中"图层 1""图层 2""图层 3"和"图层 4"。按【Ctrl+T】组合键,同时调整耳麦的大小,效果如图 8-93 所示。

图 8-93　调整耳麦大小

Step06 在"图层"面板中,选中"图层 1",按【Ctrl+T】组合键,将其缩小并旋转,按【Enter】键确认自由变换,效果如图 8-94 所示。

图 8-94 调整"图层 1"

Step07 依次对"图层 2""图层 3"和"图层 4"重复 Step06 的操作,最终效果如图 8-95 所示。

图 8-95 重复操作

3. 置入文字信息

Step01 打开素材所在的文件夹,选择"把耳朵叫醒 .png"(见图 8-96)并拖放至"【实例 14】:耳麦 Banner"文件中,如图 8-97 所示。

图 8-96 素材图像"把耳朵叫醒"

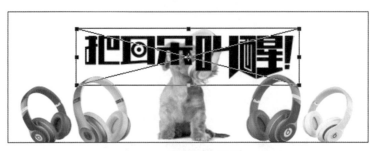

图 8-97 画布中效果

Step02　按【Enter】键，确定置入"智能对象"，此时在"图层"
面板中，得到"把耳朵叫醒"的"智能对象"图层，如图 8-98 所示。

Step03　将"把耳朵叫醒"移动至适当位置，如图 8-99 所示。
并将"智能对象"图层执行"栅格化图层"操作。

Step04　选择"矩形选框工具"，将"叫醒！"框选，如图 8-100
所示。然后选择"移动工具"，按住【Shift】键的同时连续按【→】键，
将其移动至适当位置，如图 8-101 所示。按【Ctrl+D】组合键，取消选区。

图 8-98　智能对象

图 8-99　移动对象

图 8-100　框选文字

图 8-101　移动选区

Step05　选择"吸管工具"，在画布中红色耳麦（图层 3）上稍亮部位单击取样，如图 8-102
所示。此时，前景色会替换为取样点的颜色。

Step06　选择"横排文字工具"，在选项栏中设置字体为"楷体"、字体大小为"21 像
素"，输入文字信息为"Beats Solo2 头戴式耳麦狂欢节"，如图 8-103 所示。

图 8-102　取样

图 8-103　文字信息

4. 置入背景信息

Step01　打开素材所在的文件夹，选择"音符 .png"（如图 8-104 所示）并拖放至"【实例 14】：耳麦 Banner"文件中，按【Enter】键确定，效果如图 8-105 所示。

图 8-104　素材图像"音符"

图 8-105　画布中效果

Step02　在"图层"面板中，调整"音符"图层顺序在"狗狗听歌"之上，如图 8-106 所示。

图 8-106　调整图层顺序

Step03　选择"橡皮擦工具"，在画布中多余的音符上单击，弹出一个如图 8-107 所示对话框。单击"确定"按钮，将"智能对象"栅格化。

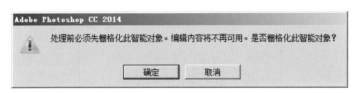

图 8-107　警示框

Step04　继续使用"橡皮擦工具",在画布中多余的音符上涂抹,将多余的图像擦除,效果如图 8-108 所示。并降低不透明度为 10%,最终效果如图 8-109 所示。

图 8-108　橡皮擦工具

图 8-109　"不透明度"效果

Step05　打开素材图像"音频 .jpg",如图 8-110 所示。选择"魔棒工具"，在选项栏中设置"容差"为 30、不勾选"连续"选项,单击"音频"白色背景,即可将所有白色部分载入到选区,如图 8-111 所示。

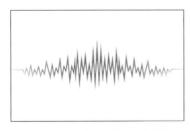

图 8-110　素材图像"音频"

图 8-111　选择背景

Step06　按【Ctrl+Shift+I】组合键,可以反转选区。此时,红色"音频"载入选区,如图 8-112 所示。

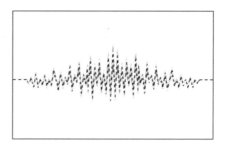

图 8-112 "音频"选区

 Step07 选择"移动工具",将"音频"拖放至"【实例 14】:耳麦 Banner"文件中的适当位置,如图 8-113 所示。此时"图层"面板中自动生成"图层 5",降低"图层 5"不透明度为 40%。

图 8-113 置入画布

 Step08 按【Ctrl+J】组合键,复制得到"图层 5 拷贝",将其移动到画面右侧适当位置,如图 8-114 所示。

图 8-114 复制并移动

 Step09 按【Ctrl+S】组合键,将文件保存在指定文件夹。

第9章

优选网App项目

学习目标

掌握项目设计需求，能够在项目设计开发前对项目做到准确定位。

掌握项目的设计方法，能够依据原型图设计出统一风格的 App 界面。

在前面章节中已经详细讲解了移动端界面结构，以及页面中不同模块所需控件。相信大家对移动端 UI 设计已经有所了解，为了对前面所学的知识点加以巩固，本章以"优选网 App 项目"为例，详细讲解移动端中一套完整的 App 项目设计中应该掌握的设计方法和相关技巧。

9.1 ▶ 项目概述

项目概述对于优选网 App 项目来讲是一个很重要的前期准备，保证项目可以准确无误地完成。在开始进行 App 项目设计之前，首先需要对项目的需求进行分析，如项目名称、项目定位、优势、项目需求等方面进行分析。本节为大家介绍下关于项目前要进行准备的事项。

9.1.1 项目名称

优选网项目——电商类移动端 App 设计。

9.1.2 项目定位

项目定位是指企业用什么样的产品来满足目标消费群体或市场需求，其重点是针对目标消费群体下功夫。为此要从项目产品种类、服务等多方面研究，并顾及相关竞争对手。当前购物类 App 以其灵活性、便捷性吸引了大量消费者。而优选网为电商购物类 App，以在线销售涵盖食品饮料、生鲜、美容化妆、个人护理、服饰鞋靴、厨卫清洁、母婴用品、手机数码等商品。

9.1.3 功能介绍

优选网的功能主要有以下几点。

1）一站式体验

优选网为每一位顾客提供"满足家庭所需"的一站式网购体验。顾客不出家门、不出国门，即能享受到来自全国及世界各地的商品和服务，省力、省钱、省时间。

2）高服务高质量

优选网以"诚信"为本，在供应商筛选、商品质量管理、商品入库、入驻商家引进及日常运营监管等环节上，由专业人员严格把关，保障商品和服务的高质量，并严格遵照国家有关"三包"的法律法规，让顾客放心购买。

3）价格优惠

与传统零售相比，优选网有 3%~5% 的成本优势，同时，通过建立高效优化的供应链，节省采购、仓储、配送、售后服务等各个环节的成本并回馈给顾客，并通过科学的价格管理，保证优选网的价格优惠。

4）配送快捷

优选网已在北京、上海、广州、武汉、成都、泉州建立了运营中心，并在全国 40 多个城市建立了自配送物流体系。送货上门，并提供准时达、准点达等服务，以满足顾客快速收货的需求。

5）高用户需求

目前优选网已拥有近 9000 万的注册用户，优选网的网站流量已达到了每天近 2000 万人次。

6）扫描搜索快捷方便

该 App 与传统购物类 App 相比，增添了一项新功能，在不知道产品名称的情况下，直接开启扫描功能即可搜索到相关产品，省时又省力。

9.2 原型分析

在明确项目之后,产品经理负责整个项目的原型图,然后 UI 设计师会根据产品经理绘制的原型图进行设计优化,下面对优选网 App 项目的原型图进行分析。

9.2.1 首页

电商购物类 App 的首页主要以商品分类及促销为主,通常是由状态栏、导航栏、内容区、标签栏构成。

(1)状态栏:为系统默认,只需预留出高度即可。

(2)导航栏:包含"扫一扫"按钮、搜索框、"消息"按钮三部分。

(3)内容区:从上到下可依次包含焦点广告区(包含 5~8 个左右 Banner 焦点图)、热门分类区(包含母婴品、超市购、秒杀拍、易充值四部分)、商品分类区(包含秒杀、女装、运动、箱包配饰、母婴玩具等)。

(4)标签栏:主要分为首页、搜索、分类、购物车、我的五部分,选择标签式导航设计较为合适,选中状态的导航图标和文字与未选中状态需加以区分。

首页原型图设计效果如图 9-1 所示。

9.2.2 搜索页

搜索功能是每个 App 都会用到的基本功能,移动端的搜索往往会跳转至单独的搜索页面,根据时间顺序可以分为三个阶段:搜索前、搜索输入中、搜索完成后。这里以搜索前和搜索完成后的页面为例进行分析。

1. 搜索前

搜索前的搜索页面是 App 的默认搜索页面,状态栏、导航栏和标签栏的设计效果和首页相同(标签栏选中状态的导航图标和文字会切换为"搜索"模块)。为了强调搜索功能,可设计 2 个搜索入口,本项目中的导航栏和标签栏均设计了搜索入口。搜索页的内容区一般会展示用户的历史搜索记录及清空历史记录按钮,同时也可适当添加一些热门搜索项和广告等。搜

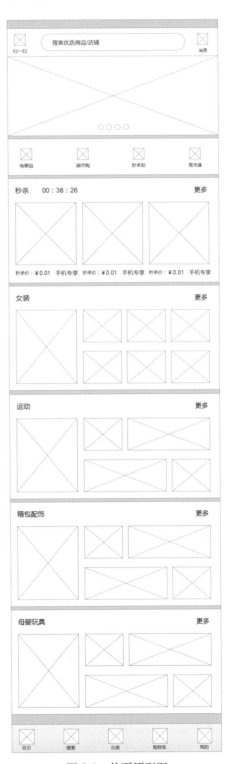

图 9-1　首页原型图

索前页面的原型图设计效果如图9-2所示。

2. 搜索完成后

搜索完成后的页面称为搜索结果页，通常包含状态栏、导航栏和内容区，其中导航栏一般包含返回按钮、搜索输入框（输入框中的内容一般为搜索的关键字和删除搜索框内容的删除按钮），有的App设计中还包含消息按钮等，根据设计场景的不同可自行选择添加。内容区的上方通常会设置一个筛选栏，方便用户对搜索到的商品进行筛选，筛选栏下方即为搜索到的商品列表（包含商品图片和简要的信息描述），针对优选网的搜索结果页原型图如图9-3所示。

图9-2　搜索页原型图

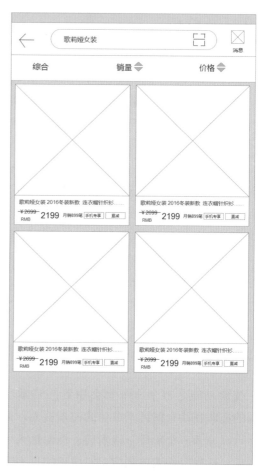

图9-3　搜索结果页原型图

9.2.3　商品分类页

电商购物类App所销售的商品种类繁多，为了方便用户选购，通常设置分类页将商品进行分类展示，在节省用户的选购时间的同时，又增强了用户体验效果。页面中的状态栏、导航栏和标签栏延续首页的设计效果（标签栏选中状态的导航图标和文字切换为"分类"模块），内容区通常会划分为左右两部分。

（1）左侧：通常会设置一个侧边栏，用于展示商品分类列表。

（2）右侧：对应左侧的列表项对商品进行展示或对商品分类做进一步划分。

例如，左侧选择潮流女装类，右侧内容可划分为羽绒服、毛呢大衣、针织裙、卫衣、牛仔裤等。根据设计需求右侧可选择添加 Banner 广告图。商品分类页原型图如图 9-4 所示。

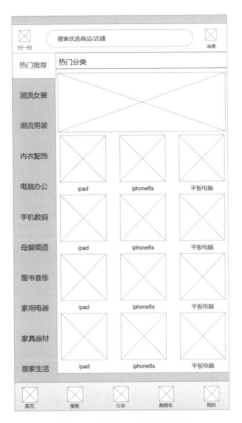

图 9-4　商品分类页原型图

9.2.4　商品详情页

商品详情页主要用于展现商品的详细信息，是购买商品过程中最重要的一环，尤其是对电商类产品十分重要。页面仍有状态栏、导航栏、内容区和工具栏，状态栏和导航栏的背景颜色可以与首页相同，也可以用内容区的商品图片为背景。

（1）状态栏：为系统默认，只需预留出高度即可。

（2）导航栏：一般包含"返回"按钮和"更多"按钮，其中"更多"按钮用于协助用户进行一些辅助操作。

（3）内容区：从上到下依次包含商品图（1~5 张）、商品材质、价格、配送方式、服务保障和尺码颜色等。

（4）工具栏：通常包含收藏、购物车、联系卖家、加入购物车、立即支付等按钮，根据设计需求可选择添加。为了引导用户点击，加入购物车和立即购买按钮会设计得较为突出。

商品详情页原型图如图 9-5 所示。

9.2.5　登录注册页

在浏览 App 过程中，当需要获取个人信息才能进行下一步功能操作时，需要用户先通过登录注册页登录该 App，登录注册页面一般包含状态栏、导航栏和内容区。

（1）状态栏：为系统默认，只需预留出高度即可。

（2）导航栏：一般包含"取消"按钮、页面标题和"注册"按钮。

（3）内容区：从上到下依次包含用户名、密码、登录按钮、忘记密码、第三方登录入口、广告语等内容。

登录注册页原型图如图 9-6 所示。

图 9-5　商品详情页原型图

图 9-6　登录注册页原型图

9.2.6　购物车页

购物车页面主要用于展示准备要购买的商品，不需要的可以进行删除，也可选择部分商品购买，通过用户的购买情况会在页面中计算出选中商品的总价格以及购买商品的种类，方便用户查看。购物车页面通常由状态栏、导航栏、内容区和标签栏构成。

（1）状态栏：为系统默认，只需预留出高度即可。

（2）导航栏：一般包含页面标题和"编辑"按钮。"编辑"按钮主要用于删除购物车中的产品（也可通过向左滑动商品列表进行删除）或修改产品的购买数量。

（3）内容区：一般分为两部分，先是分块展示商品信息，主要包含店铺名称、商品图片、商品名称、商品价格和购买数量，有时还包含"编辑"按钮，用于修改商品的型号、颜色、尺寸等。然后通过用户的购买情况在下方显示商品的总价格和购买商品的件数。

（4）标签栏：与首页设计效果相同（选中状态的导航图标和文字切换为"购物车"模块）。

购物车页原型图如图 9-7 所示。

9.2.7　订单结算页

订单结算页是为了方便用户对购买商品的信息确认，如有不符可及时返回修改。订单结算页面通常由状态栏、导航栏、内容区构成。

（1）状态栏：为系统默认，只需预留出高度即可。

（2）导航栏：包含"返回"按钮和页面标题。

（3）内容区：主要包括收货人信息、所购商品的部分信息和配送方式信息、商品的总价格、商品的件数以及提交订单按钮（件数也可体现在提交订单按钮上）。

订单结算页原型图如图 9-8 所示。

图 9-7　购物车页原型图

图 9-8　订单结算页原型图

9.2.8 个人中心页

针对电商类App，用户中心页的主要用途是方便用户对收藏、订单等信息的查询或为信息查询提供相关入口。用户中心页面通常由状态栏、导航栏、内容区和标签栏构成。

(1) 状态栏：为系统默认，只需预留出高度即可。

(2) 导航栏：通常包含"消息"按钮和"设置"按钮。

(3) 内容区：从上至下主要包括用户头像和用户名、收藏信息、我的订单、我的钱包等，还可提供一些快捷方式入口。

(4) 标签栏：与首页设计效果相同（选中状态的导航图标和文字切换为"我的"模块）。

个人中心页原型图如图9-9所示。

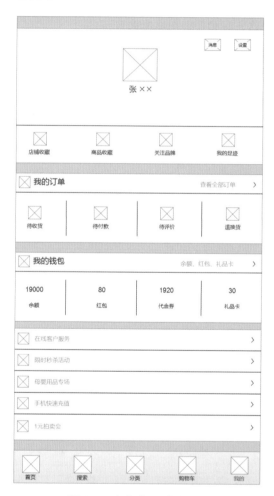

图9-9 个人中心页原型图

9.3 项目设计定位

在进行界面设计时首先进行设计定位，统一风格的组件能赋予界面独特文化内涵和特点，让界面交互更友好，具有与众不同的艺术风格。下面将从设计风格、颜色定位和字体大小选择三个方面做具体分析。

9.3.1　设计风格

本项目整体采用扁平化的设计风格，削弱了图形的复杂程度和相应效果的运用，将各部分组件以最简单和直接的方式呈现出来，减少认知障碍。

9.3.2　颜色定位

在 App 界面设计中颜色可以给予用户最直观的视觉冲击，运用不同的颜色搭配，可以产生各种各样的视觉效果，带给用户不同的视觉体会。因此颜色至关重要，当 App 的设计风格确定后，接下来就要确定其主色调和搭配颜色。

本次项目是针对电商类 App 进行设计，因此主色调的选取会偏向于引用容易引起用户注意，使用户兴奋、冲动的红色，但是由于纯红色往往会给用户造成视觉疲劳，因此可以选用绯红色（在制作中统称为红色，RGB：251、34、85）作为主体色，运用黑、白、灰等易搭配色彩作为辅色，图 9-10 列举了一些主要模块的颜色和相应的 16 进制颜色值，具体如下。

9.3.3　字体大小选择

在 App 界面设计中，文字是基本组成部分之一。通常在一套 App 界面中，其常用文字（主要指内容文字等字数较多的文字）大小基本控制在 20~30 像素之间，如图 9-11 所示即为在屏幕分辨率 750×1 334 像素情况下，不同模块的字体大小选择。

#760a45-#fb2255　导航主体颜色	**在屏幕分辨率750×1334像素时字体大小选择：**
#7171717　标签栏背景颜色	导航栏标题：　　34像素以上（包含34像素）
#f62154　主体色	标签栏文字：　　22像素
#7a7a7a　标签栏按钮默认色	文章标题：　　　30像素
#d91141　按钮按下颜色	文本字体：　　　24像素
	备注字体：　　　24像素
	图标小提示：　　22像素
	返回按钮文字：　32像素
	购买按钮文字：　26像素

　　　图 9-10　颜色规范　　　　　　　　　　图 9-11　不同模块的文字大小

观察图 9-11 容易看出，在 App 界面中字体大小一般用偶数，并且根据模块的重要程度以偶数的方式递增或递减。例如，在屏幕分辨率 750×1 334 像素情况下，界面中导航标题用 34 像素的文字，返回按钮文字则是 32 像素。

9.4 ▶ 优选网App的设计优化

分析原型图之后，UI设计师对项目整体的视觉风格进行设计，对界面进行优化。负责项目中各种交互界面、图标、logo、按钮等相关元素的设计与制作，推进界面及交互设计的最终实现。下面对优选网项目的设计优化进行讲解。

9.4.1 启动图标

启动图标是App的重要组成部分和主要入口，是一种出现在移动设备屏幕上的图形符号。通常图像符号给人的第一感觉就是非常直观，能够大大节省人们的思考时间。因此，设计者通常从图像符号入手进行设计。优选网启动图标的最终设计效果如图9-12所示。

图 9-12　启动图标

1. 图标尺寸及背景

由于本项目是针对iPhone 7的界面分辨率进行设计，因此图标尺寸大小应设计为1 024×1 024像素，圆角尺寸为180像素。背景采用填充红色（RGB：251、34、85）到深红色（RGB：118、10、69）的线性渐变。

2. 图标元素

电商类App的图标元素通常也可成分该产品的图像logo，根据设计需求图像logo中可暗含该产品的文字logo内容，为了增强视觉美感可适当添加长投影效果。

（1）形状：采用星形，填充黄色（RGB：251、213、3）到浅黄色（RGB：250、218、42）再到乳白色（RGB：255、253、240）的线性渐变，滑块位置参考图9-13所示位置。

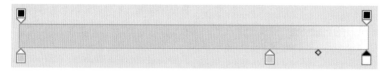

图 9-13　渐变滑块位置

（2）文字：采用客户提供的素材文件"客户logo矢量.ai"中的英文简写部分，复制到photoshop软件画布中，粘贴方式选择"形状图层"，方便设计过程中执行布尔运算。

（3）长投影：填充黑色到黑色透明的线性渐变，并适当降低透明度。

9.4.2 启动页

由于启动页通常为打开App应用的第一个界面，因此一般选用能够给用户留下深刻印象的图像logo、文字logo和标语性文字作为启动页的内容。启动页的最终设计效果如图9-14所示。

1. 页面尺寸及背景

由于iPhone 7手机的界面分辨率为750×1334像素，因此所有界面的设计尺寸均为750×1334

像素，设计 App 页面时，页边距一般为 24~30 像素（除去状态栏内容以外的所有其他模块内容都应在页边距以内设计）。加载页的背景采用红色（RGB：251、34、85）到深红色（RGB：118、10、69）的线性渐变。

2. 页面元素

背景底纹选择拖放"sucai.png"，降低不透明度为 13%。页面元素中的图像 logo 即为启动图标中的图像 logo，不需重复制作，只需调整大小到合适位置即可，文字 logo 采用客户提供的素材文件"客户 logo 矢量 .ai"中的中文简写部分。标语性文字内容为"开心购物每一天"，字体大小 36 像素，字体为"文鼎谁的字体"。

3. 布局方式

由于人们的浏览习惯一般为从上至下，因此页面元素采用竖直罗列的排列方式，更有利于用户体验。根据启动页的特性（加载时间通常为 2000~3000ms），元素的排列顺序依据重要程度进行划分，图形 logo 所要传达的信息最直观，位于最上端，然后依次为文字 logo 和标语。

图 9-14　启动页

9.4.3　引导页

引导页的作用是方便用户了解产品的主要功能和特点，在用户首次打开 App 时能够快速地对产品做到初步定位。为了着重体现该 App 的功能优势，可选用功能介绍类的设计方法，将各个功能抽象为图形加文字体现在页面上。引导页的最终设计效果如图 9-15 所示。

图 9-15　引导页

1. 页面数目及背景

在App设计中，引导页的数目一般控制在5页以内，本项目计划设计3页。由于该项目是针对电商类App进行设计，因此引导页的背景色可选用饱和度较高的颜色。3个页面的背景色分别为绿色（RGB：172、251、69）到深绿色（RGB：6、144、78），橘黄色（RGB：250、189、25）到橘红色（RGB：243、14、14），天蓝色（RGB：25、243、240）到蓝色（RGB：15、52、240）的线性渐变。

2. 页面元素

页面元素主要包括文字和图片，从客户提供的文案素材入手，选用相对应的图案添加到页面中，并将该App所具有的功能优势演化为小图标分布到各个页面。通常在页面最下方还会添加界面指示器（也可称为轮播点）作为图片的显示顺序，在最后一个页面中则替换为按钮，单击即可进入该App的首页。

3. 布局方式

布局方式同样采用从上至下的排列顺序，上方放置图片内容，下方为文字内容以及轮播点和按钮。

（1）图片内容：可设计为行星环绕的排列方式，中间放置与文字所对应的大图，为了让大图更醒目，可添加背景色块作为衬托，结合引导页的各个背景色综合考虑选用黄色（RGB：254、247、61）较为合适，形状为圆形，其他的功能小图标则环绕在大图周围。

（2）文字内容：字体大小没有具体要求，调整到合适大小即可，颜色可采用黄色（RGB：254、247、61）和白色，字体"微软雅黑"。

界面指示器和按钮：界面指示器的圆点不应太大，表现方式分为显示和隐藏，可通过调整不透明度作为区分。按钮的高度一般为80像素左右，宽度没有具体要求，文字大小30~32像素，字体"苹方 中等"，颜色与该页面的主色调相同即可，界面指示器和按钮的背景色采用白色。

9.4.4 首页

首页是整个App设计中最重要的页面，是内容部分的第一个页面。以首页原型图的布局方式为基础，首页的最终设计效果如图9-16所示，现针对首页效果图中每一

图9-16 首页

模块的设计规范与制作方法做具体讲解。

1．状态栏

状态栏的尺寸为 750×40 像素，背景色为红色（RGB：251、34、85）到深红色（RGB：118、10、69)的线性渐变，内容部分通过引入素材即可，无须自己绘制。打开素材文件"状态栏 .psd"效果如图 9-17 所示。

图 9-17　状态栏

此素材有黑色背景，如果要透出渐变背景色，只需将图层混合模式改为"滤色"即可。状态栏最终设计效果如图 9-18 所示。

图 9-18　状态栏效果

2．导航栏

导航栏原型图与设计效果图对比如图 9-19 所示。

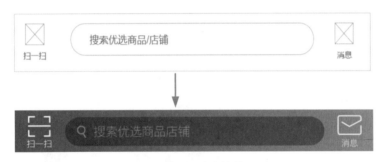

图 9-19　对比效果

导航栏的尺寸为 750×88 像素，背景色为红色（RGB：251、34、85）到深红色（RGB：118、10、69）的线性渐变。

1）搜索框

搜索框的高度为 60 像素，宽度不做具体要求，添加半透明的黑色背景，搜索框内的图标和文字选用白色，可适当调整不透明度，文字大小为 26 像素。搜索图标大小绘制为 24×24 像素。

2）导航栏图标及文字

左右两侧导航栏图标的大小应绘制为 44×44 像素，文字大小为 18 像素，颜色均为白色。

3．内容区

内容区原型图与设计效果图对比及模块划分如图 9-20 所示。内容区设置为浅灰色背景(RGB：238、238、238)，模块间的间距一般为 20~40 像素之间（如果进行细分，大模块之前的间距为 30~40 像素之间，小模块之间的距离为 20~30 像素之间），本页面属于大模块划分，因此采用 30 像素的间距。

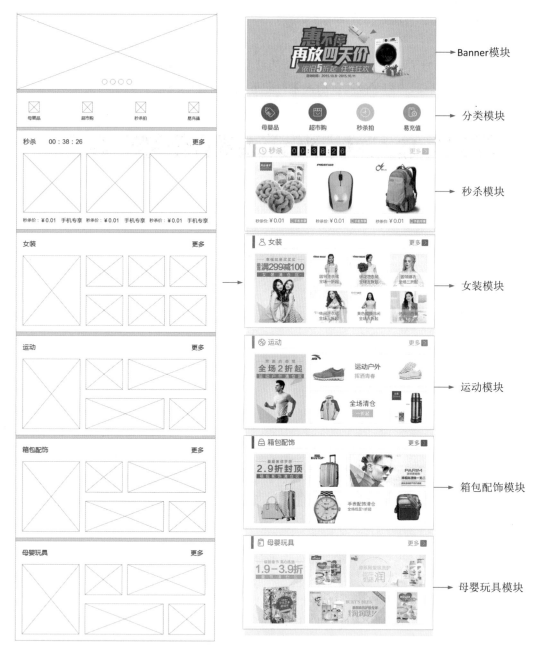

图 9-20　对比效果

1）Banner 模块

Banner 模块在页面中通栏显示，因此宽度应为 750 像素，高度建议设置在 250~300 像素之间。Banner 素材图片如图 9-21 所示，将其添加到当前画布中，并通过添加图层蒙版来统一显示尺寸。

Banner 模块中的轮播点大小和间距没有具体的尺寸规范，但需设置两种样式分别表示所对应 Banner 图的显示和隐藏状态。本项目中的轮播点白色表示显示状态，白色半透明表示隐藏状态。

图 9-21　Banner 素材

2）分类模块

根据页面需求将分类模块的宽度设置为 750 像素，高度为 160 像素，背景为白色，为了突出分类模块，可在模块内上下边缘处分别添加一条高度为 1 像素的分割线，颜色为（RGB：229、229、229）。通过建立参考线将分类模块水平方向划分为 4 部分，每一部分内添加对应的分类图标和文字内容。

（1）分类图标：分类图标大小没有具体规范，这里统一将其设置为 70×70 像素。将如图 9-22 所对应的图标素材，添加到当前画布中。

图 9-22　分类图标素材

（2）文字：根据页面美观度将文字大小设置为 24 像素，字体选用"苹方 中等"，颜色为（RGB：51、51、51）。

3）秒杀模块

秒杀模块的宽度设置为 750 像素，高度为 334 像素，背景为白色，同样在模块内上下边缘处分别添加一条高度为 1 像素的分割线，颜色为（RGB：229、229、229）。

（1）标题：标题部分的高为 50 像素，下方添加分割线与秒杀模块的内容区分开。标题前方可通过绘制色块和图标增强视觉效果。标题部分的结构划分如图 9-23 所示。

图 9-23　结构划分

标题相对应的内容参数及操作如下所示。

① 色块：大小 10×50 像素，黄色（RGB：247、200、14）。

② 图标：大小绘制为 28×28 像素，黄色（RGB：247、200、14）。

③ 秒杀文字：大小 28 像素，字体样式"苹方 中等"。

④ 秒杀时间：背景深灰色（RGB：16、16、16），字体大小 26 像素，字体"苹方 常规"，字体颜色为白色。

⑤ 更多按钮：字体大小24像素，字体"苹方 常规"，图标大小为26×26像素，圆角半径为2像素，文字及图标背景黄色（RGB：247、200、14），白色箭头大小10×18像素。

（2）秒杀内容：将秒杀模块的内容部分沿水平方向分为三部分，每一部分添加一种商品的秒杀信息，包含图片、秒杀价和手机专享三部分。将如图9-24所示的图片素材添加到当前画布中，通过建立蒙版统一尺寸（大小为204×204像素），并添加描边效果。"秒杀价："文字大小为16像素，"￥0.01"文字大小为22像素，字体均为"苹方 中等"，颜色为红色（RGB：246、33、84）。最后将如图9-25所示的手机专享图片素材添加到当前画布中。

秒杀1.jpg

秒杀2.jpg

秒杀3.jpg

📱 手机专享

图9-24　秒杀素材　　　　　　　　　　　　　　图9-25　手机专享素材

内容区的其他模块与秒杀模块的绘制方法基本相同，可根据设计美感自行设置图片大小与排列方式。

4. 标签栏

标签栏原型图与设计效果图对比如图9-26所示。

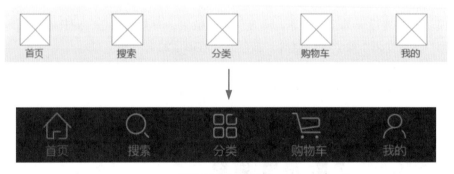

图9-26　对比效果

标签栏的尺寸为750×98像素，背景色为深灰色（RGB：23、23、23）。将标签栏沿水平方向划分为5部分，每一部分包含导航图标和导航文字。图标与文字间的距离没有具体要求，调整到合适位置即可。

1）导航图标

导航图标的大小应绘制为50×50像素，选中状态为红色（RGB：246、33、84），未选中状态为灰色（RGB：122、122、122）。

2）导航文字

文字大小为 22 像素，字体为"苹方 常规"。选中状态为红色（RGB：246、33、84），未选中状态为灰色（RGB：122、122、122）。

9.4.5　搜索页

点击 App 中的搜索功能入口，即可跳转到搜索页面。在设计搜索页时，其中状态栏、导航栏、标签栏与首页基本相同，只需更改标签栏中导航的选中状态即可，这里不再做具体讲解。搜索页的最终设计效果如图 9-27 所示。

内容区原型图与设计效果图对比及模块划分如图 9-28 所示。

内容区的宽度为 750 像素，背景色为浅灰色（RGB：238、238、238）。主要包含标题、最近搜索项和清空历史记录按钮三部分。

图 9-27　搜索页

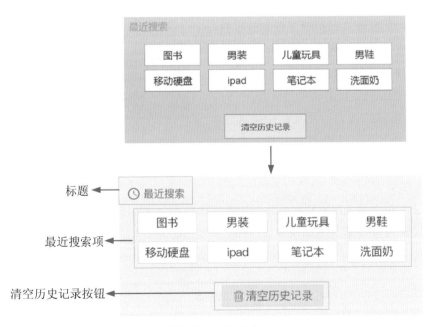

图 9-28　对比效果

1）标题

标题图标的大小可绘制为 28×28 像素，文字大小为 26 像素，字体为"苹方 中等"。图标和文字颜色均为深灰色（RGB：102、102、102）。

2）最近搜索项

最近搜索项中每一项按钮的大小为 144×52 像素，背景色为白色，并添加有 1 像素的灰色

207

（RGB：204、204、204）描边，文字大小为 28 像素，字体为"苹方 中等"，颜色为深灰色（RGB：51、51、51）。各项之间的距离尺寸没有具体规范，结合视觉美观度做适当调整即可。

3）清空历史记录按钮

该按钮的尺寸为 245×52 像素，背景色为灰色（RGB：223、223、223），同样添加有 1 像素的灰色（RGB：204、204、204）描边。该按钮中的图标大小可绘制为 26×26 像素，文字大小和字体样式与搜索项中的相同，图标和文字颜色均为深灰色（RGB：102、102、102）。

9.4.6 搜索结果页

在搜索框中输入关键字进行搜索，App 会跳转到搜索结果页面。搜索结果页面通常用于排列搜索到的商品。在设计搜索结果页时，其状态栏、导航栏与首页基本相同，只需将"扫一扫"部分换成"返回按钮"，并在搜索框中输入相应的关键字即可，本次项目不做具体讲解。搜索结果页的最终设计效果如图 9-29 所示。

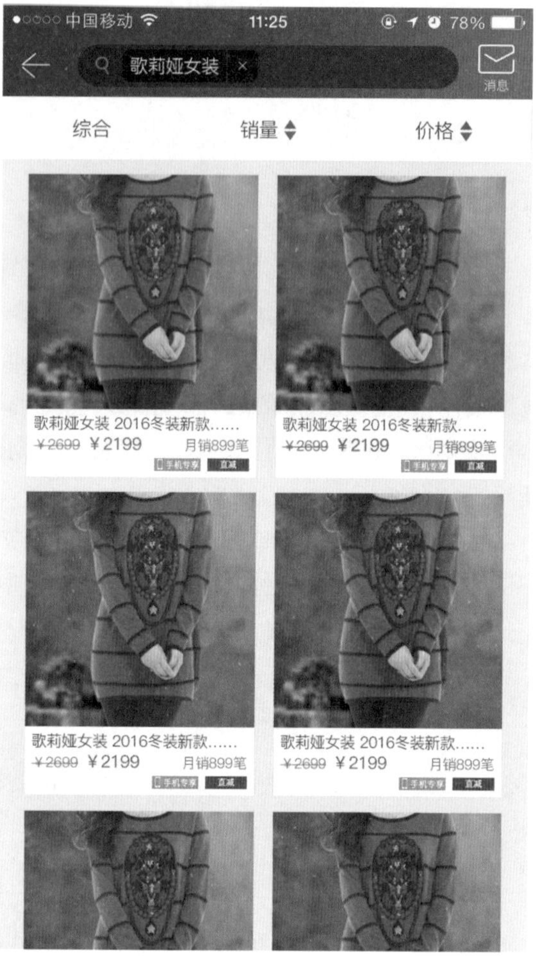

在图 9-29 所示的搜索结果页面中主要包含了筛选栏和商品展示两个部分，具体介绍如下。

图 9-29　搜索结果页

1. 筛选栏

筛选栏主要用于筛选搜索到的商品，其宽度和高度没有具体要求。本次项目设置宽度和屏幕等宽，高度设置为 90 像素，背景设置为白色。筛选栏的文字大小通常在 28~34 像素之间，本次项目设置大小为 28 像素。同时将文字的颜色设置为深灰色（RGB:51、51、51），效果如图 9-30 所示。

图 9-30　筛选栏

2. 商品展示

商品展示部分指的是对包含所搜关键词商品的展现和陈列，由于手机界面较小，因此一排中展示的商品一般不超过 3 个，以便将商品清晰地呈现给消费者。商品展示部分的原型图和效果图对比如图 9-31 所示。

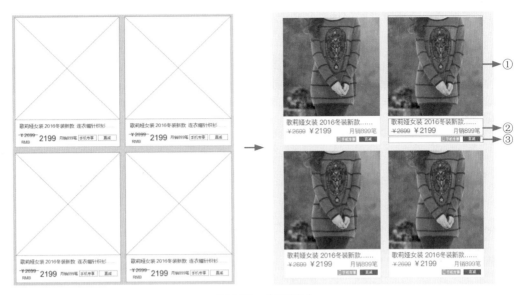

图 9-31　商品展示

对图 9-31 中标识的各部分参数，相对应的内容参数及操作如下所示。

① 商品图片：大小 326×342 像素。

② 文字：商品名称字体大小 22 像素，字体为"苹方 常规"，颜色深灰色（RGB：51、51、51）。原价：指的是页面中画横线的价格部分，字体大小 22 像素，字体为"苹方 常规"，颜色浅灰色（RGB：106、106、106）。现价：指页面中价格部分，字体大小 24 像素，字体为"苹方 常规"，颜色红色（RGB：246、33、84）。销量：字体大小 20 像素，字体为"苹方 常规"，颜色浅灰色（RGB：106、106、106）。其中数字部分要用红色（RGB：246、33、84）着重显示。

③ 底部按钮：较小按钮图标可以运用图片代替，本项目用高度为 18 像素的长条矩形素材，作为跳转图标。

9.4.7　商品分类页

点击 App 中的商品分类功能入口，即可跳转到分类页面。在设计分类页时，其状态栏、导航栏、标签栏与首页基本相同，只需更改标签栏中导航的选中状态即可，这里不再做具体讲解。商品分类页的最终设计效果如图 9-32 所示。

图 9-32　商品分类页

内容区原型图与设计效果图对比及模块划分如图 9-33 所示。

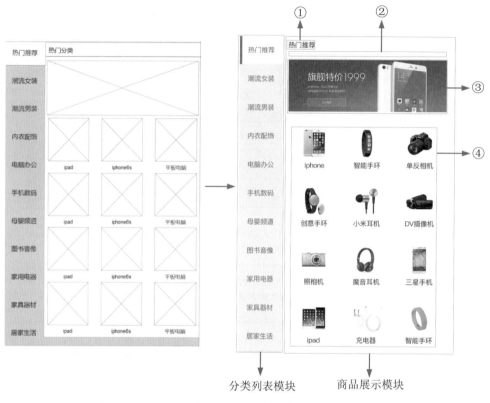

图 9-33　对比效果

内容区的宽度为 750 像素，背景色为白色。主要包含分类列表模块和商品展示模块两部分。

1）分类列表模块

该模块的宽度一般为 140~150 像素之间，本页面采用 150 像素。背景色为浅灰色（RGB：238、238、238），为了与右侧商品展示模块的区分更明显，通常会在该模块的右侧添加一条宽 1 像素的分割线，颜色为灰色（RGB：229、229、229）。列表项分为未选中和选中两种状态。

（1）未选中状态：列表项高 100 像素，为了方便用户点击，每一列表项的下方会包含一条高 1 像素的分割线，颜色为灰色（RGB：229、229、229）。文字大小为 24 像素，字体为"苹方中等"，颜色为深灰色（RGB：102、102、102）。

（2）选中状态：高度和分割线参数不变，背景改为白色，文字颜色切换为红色（RGB：246、33、84）。为了增强视觉效果，可在列表项前方绘制与文字颜色相同的色块，色块大小为 8×99 像素。

2）商品展示模块

该模块内容部分与分类列表模块的间距为 20 像素，结合图 9-33 所示的结构划分，相对应的内容参数及操作如下。

①标题：字体大小 24 像素，字体"苹方 中等"，深灰色（RGB：51、51、51）。

②分割线：高 1 像素，浅灰色（RGB：229、229、229）。

③ Banner 图：宽度依据页面而定，高度一般在 150~200 像素之间，本页面尺寸大小 552×180 像素。

④ 展示项：划分为四行三列的网格，其中图片大小 100×100 像素，字体大小 24 像素，字体"苹方 中等"，深灰色（RGB：51、51、51）。

9.4.8　商品详情页

商品详情页是页面中最容易与用户产生交集共鸣的页面，详情页的设计极有可能会对用户的购买行为产生直接的影响。在设计商品详情页时，首先要保证商品的图片要清晰，其次对商品的信息描述要准确，商品详情页的设计效果如图 9-34 所示。

图 9-34 所示的商品详情页中由状态栏、内容区和工具栏构成。其中内容区部分主要包括商品图片、文字以及下方的购物车部分，具体介绍如下。

1. 图片部分

在商品详情页中，图片需要尽可能地大，因此往往会占据状态栏或其他按钮的空间，在图片部分主要包括状态栏、返回按钮、更多按钮和商品图片。

（1）状态栏：需要执行反相和正片叠底命令，使素材能够清晰地呈现。

（2）返回按钮和更多按钮：宽度和高度为 54 像素。

（3）商品图片：宽度为 750 像素，高度为 643 像素。

2. 文字部分

文字部分主要包括商品描述、价格、销量、配送地址、服务等，字体大小通常在 20~30 像素之间，其中重点信息可以通过加深颜色、变粗字体、变大字号进行着重显示，例如图 9-35 所示的商品描述、现价、销量、和下单时间限定等需要着重显示。

图 9-34　商品详情页

图 9-35　着重显示的文字

3. 工具栏

工具栏包括收藏图标、购物车图标、"加入购物车"按钮和"立即购买"按钮四部分。

（1）收藏图标和购物车图标

图标宽度和高度均为 44 像素，设计师可以自行绘制或使用相应的图标素材，其下面的描述文字，字体大小为 24 像素，颜色为浅灰色（RGB：102、102、102），字体为"苹方 中等"。

（2）"加入购物车"按钮

宽度为 230 像素，高度为 88 像素，背景颜色为深灰色（RGB：46、46、46），按钮上的文字大小为 26 像素，字体为"苹方 中等"。

（3）"立即购买"按钮

该按钮尺寸和"加入购物车"按钮相同。但颜色应该和"加入购物车"按钮有差异，通常以冲击力较强的色彩为背景色，这里应用导航主题颜色作为背景色，如图 9-36 所示。

#760a45–#fb2255 导航主体颜色

图 9-36 "立即购买"按钮颜色

9.4.9 登录注册页

登录注册页的作用是方便用户输入个人信息登录该 App，通常还会提供注册该 App 的入口。在设计登录注册页时，其状态栏与首页相同，这里不再做具体讲解。登录注册页的设计效果如图 9-37 所示。

1. 导航栏

导航栏原型图与设计效果图对比如图 9-38 所示。

图 9-37 登录页

图 9-38 对比效果

导航栏的尺寸大小和背景色与首页相同。标题文字大小在 34~40 像素之间，本页面选用 34 像素，按钮文字不大于 32 像素，本页面选用 32 像素，字体均选用 "苹方中等"，颜色为白色。

2. 内容区

内容区原型图与设计效果图对比及模块划分如图 9-39 所示。

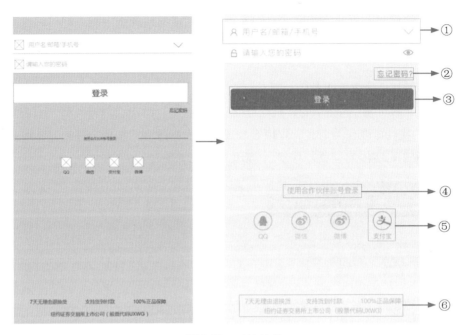

图 9-39 对比效果

内容区各模块间的距离没有具体要求，根据界面美观度自行调整，结合图 9-39 所示的结构划分，相对应的内容参数及操作如下所示。

① 输入框：大小 750×80 像素，背景白色，分割线 1 像素灰色（RGB：204、204、204），文字大小 30~32 像素，字体 "苹方 细体"，前方图标大小建议绘制 28×28 像素，后侧按钮图标不应小于 44×44 像素（根据界面美观度可适当缩小，切图时用空白像素补齐），所有内容均为灰色（RGB：153、153、153）。

② 忘记密码按钮：字体大小 28~30 像素，字体 "苹方 常规"，灰色（RGB：102、102、102），添加下画线。

③ 登录按钮：高度一般为 80 像素，根据前面定义的按钮不同状态添加相应的颜色背景，文字大小建议为 30 像素，字体 "苹方 中等"。

④ 第三方标题：字体大小 28~30 像素，字体 "苹方 常规"，灰色（RGB：153、153、153）。文字两端可添加两条浅灰色（RGB：229、229、229）的分割线。

⑤ 第三方图标：图标大小 70×70 像素（查看素材），文字大小 24~26 像素，字体 "苹方 常规"。

⑥ 广告语：文字大小 24~26 像素，字体 "苹方 常规"，灰色（RGB：153、153、153）。

9.4.10 购物车页

在设计购物车时，要着重显示商品的价格、名称、数量以及编辑修改和结算功能，以方便用户进行修改和操作。同时在设计过程中要弱化"删除"按钮，隐藏到编辑按钮中。购物车页的最终设计效果如图9-40所示，购物车页主要包括状态栏、导航栏、内容区和标签栏4个部分，其中状态栏、标签栏与首页基本相同，只需更改标签栏中导航的选中状态即可，这里不再做具体讲解。

1. 导航栏

导航栏原型图与设计效果图对比如图9-41所示。

通过观察图9-41可知，购物车的导航栏可继续运用红色（RGB：251、34、85）到深红色（RGB：118、10、69）的线性渐变作为背景，但内容变成了页面标题和"编辑"按钮。其中页面标题文字的大小为34像素，字体为"苹方 中等"，颜色为白色。

图 9-40　购物车页

图 9-41　对比效果

2. 内容部分

内容部分主要包括商品信息和结算功能两部分，以便用户快速获取商品信息，进行编辑修改操作。

1）商品信息

商品信息主要包括店铺名、商品图片、商品名、基本信息、价格和数量等。字体大小通常在22~28像素之间，其中颜色、尺码以及价格需着重显示，如图9-42红框标识所示。而页面中的商品数量和编辑按钮没有具体的要求，调整至合适大小即可。

图 9-42　商品信息

2）结算模块

背景尺寸为 750×88 像素，字体大小通常在 22~26 像素之间，字体通常用"苹方 中等"。需要注意的是结算按钮需要突出显示，这里可以运用红色（RGB：251、34、85）到深红色（RGB：118、10、69）的线性渐变作为背景颜色，使按钮更加突出，如图 9-43 所示。

图 9-43　结算模块

9.4.11　订单结算页

当点击结算按钮后，界面会跳转到订单结算页。订单结算页主要包括状态栏、导航栏、内容区 3 个部分，其中状态栏、导航栏与首页基本相同，只需更改导航栏的界面标题并增加"返回"按钮即可。订单结算页的最终效果如图 9-44 所示。

在图 9-44 所示的订单结算页中，内容区部分主要包含联系人模块、商品信息以及工具栏三部分。

1. 联系人模块

联系人模块是指显示收货人的姓名、联系方式、地址等基本信息的模块。设置宽度为 750 像素，高度为 188 像素。文字大小为 28 像素，字体为"苹方 常规"，其中收货人、联系方式、收货地址需要将颜色减淡，设置为浅灰色（RGB：102、102、102），其余部分文字设置为深灰色（RGB：51、51、51），如图 9-45 所示。

图 9-44　订单结算页

图9-45　联系人模块

2. 商品信息

订单结算页的商品信息和购物车页的商品信息类似，可以直接复制使用。在制作时删掉商品的数量和编辑图标进行重新排版，或按照原型图样式进行排版，如图9-46所示。

3. 工具栏

工具栏包含商品的总价格以及提交订单按钮。其中商品价格可以运用红色（RGB：246、33、84）着重显示，如图9-47所示。结算按钮和购物车页面的结算按钮相同，可以直接复制使用。

图9-46　商品信息

合计： 8779.00
（不包含邮费）

图9-47　商品价格

9.4.12　个人中心页

个人中心页主要用于方便用户查询个人购买信息及商品收藏信息等，最终设计效果如图9-48所示。其中状态栏、标签栏与首页基本相同，只需更改标签栏中导航的选中状态即可，这里不再做具体讲解。针对页面的特殊需求可将导航栏及内容区的部分信息相融合进行设计，具体如下。

1. 渐变色块部分

渐变色块部分原理图与设计效果图对比及模块划分如图9-49所示。

渐变色块宽750像素，高度依据内容需求定为390像素，渐变效果与首页导航栏相同，结合图9-49所示的结构划分，相对应的内容参数及操作如下所示。

① 按钮图标：不应小于44×44像素（根据界面美观度可适当缩小，切图时用空白像素补齐），消息按钮中的提示符号没有特殊要求，这里采用黄色（RGB：255、208、21）。

② 用户头像和用户名：大小126×126像素，可增加光效背景增强视觉效果，文字大小30~32像素，字体"苹方中等"。

图 9-48　个人中心页

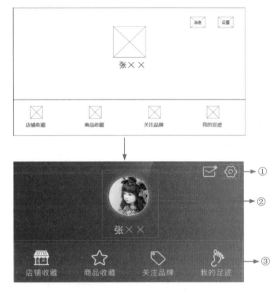

图 9-49　对比效果

③收藏信息：高 130 像素，水平方向平分为四部分。背景色为（RGB：238、238、238）并设置不透明度为 20%，选择"叠加"混合模式增强视觉效果。顶部有 1 像素的分割线，颜色为（RGB:238、238、238），降低不透明度为 65%，混合模式选"叠加"。图标大小 50×50 像素（查看素材），文字大小 24~26 像素，字体"苹方 常规"，浅灰色（RGB：238、238、238）。图标间可用分割线进行分割，颜色为（RGB:229、229、229），降低不透明度为 35%，混合模式选"叠加"。

2. 文字部分

文字部分原理图与设计效果图对比及模块划分如图 9-50 所示。

图 9-50　对比效果

该部分的背景色为灰色（RGB：238、238、238），各模块间距为30像素，各模块背景为白色，文字大小通常在20~30像素之间。其中"我的订单"模块和"我的钱包"模块所对应的图标、文字参数相同。结合图9-50所示的结构划分，相对应的内容参数及操作如下所示。

① 标题：图标大小34×34像素（查看素材），文字大小28像素，字体"苹方 中等"，深灰色（RGB：51、51、51）。

② 文字按钮：字体大小26像素，字体"苹方 中等"，灰色（RGB：102、102、102），箭头大小结合界面美观度自行调整。

③ 图标按钮：图标大小70×70像素（查看素材），文字大小26像素，字体"苹方 常规"，深灰色（RGB：51、51、51）。

④ 快捷选项：图标大小44×44像素（查看素材），文字大小30像素，字体"苹方 常规"，深灰色（RGB：51、51、51）。

9.5 优选网App的标注切图

项目的设计基准图完成后，并不是完成了所有的设计工作。为了更好地向前端工程师说明页面上的控件、文字、颜色、位置等信息，需要对项目进行标注和切图。下面对优选网项目进行标注切图讲解。

9.5.1 启动图标

启动图标尺寸大小设计以1 024×1 024像素，圆角尺寸为180像素进行设计，但是在切图输出时，应注意iOS系统应用型图标切图需要提供直角的图标切图，因为iOS系统会自动生成圆角效果。而App的应用型图标会被运用在很多不同的地方展示，如手机界面、App Store以及手机的设置列表等，所以App应用型图标需要多个不同尺寸的切图输出，图9-51所示为启动图标圆角效果不同尺寸的展示图。

1024×1024 像素

512×512 像素

180×180 像素

120×120 像素

114×114 像素

图9-51 启动图标圆角效果不同尺寸的展示图

9.5.2　启动页

启动页设计是以渐变背景、底纹素材、图像文字 logo 和标语性文字作为启动页的内容。由于底纹素材是由不同的元素组成，所以切图只需以大尺寸 1242×2208 像素进行全屏切图即可，可使用 Photoshop 软件自带的功能压缩文件大小，也可以使用 TinyPNG 图片压缩网站降低文件大小。

9.5.3　引导页

引导页设计是以渐变背景、图像 logo、文字 logo 和标语性文字作为启动页的内容。切图只需要进行中央局部切图和背景渐变色 1 像素的切图即可。图 9-52 所示为引导页局部切图，此处为了展示加宽了宽度，实际中宽度应为 1 像素。

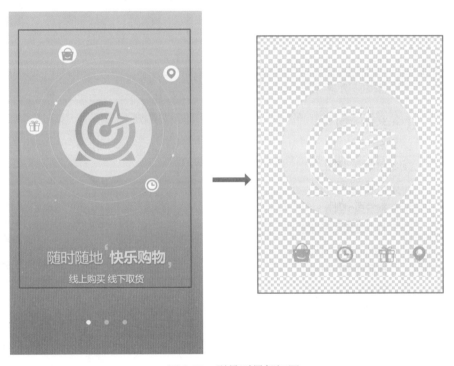

图 9-52　引导页局部切图

9.5.4　首页

首页是整个 App 设计中关键的页面，也是内容部分的第一个页面。需要标注时尽可能的详细完善，方便前端工程师建立页面样式规范。需要的切图也绝大多数在首页上，由于此项目是针对 iOS 系统设计制作，所以切图只需切出 @2x 和 @3x 两套图即可。

1. 标注

使用 PxCook 软件进行标注，先将首页的布局层进行标注。由于布局层的尺寸前端工程师一般都知道，所以布局层的一部分标注可以省略。将内容区域按照模块先进行标注高度、间距高度和模块色值。最后才是细节部分如文字大小、元素间距、颜色色值等的标注。重复的样式标一次即可，图9-53所示为优选网的首页标注。

标注是在所有页面全部完成后才开始进行标注，所以建议设计师在保留源文件的前提下，新建文件夹命名为"标注"。到时将所有标注好的页面放置在一起，这样方便管理和预览。建议给前端工程师标注页面时最好是png格式。

2. 切图

在切图之前，先要新建多个文件夹并命名，具体如图9-54所示，用于放置不同页面@2x和@3x的切图。值得一提的是，在进行切图时，需要先将共用图标按照命名规则命名，然后输出切图到"0.共用-切图"文件夹中，再将内容区域中的前端工程师难以书写的图标进行切图输出到所属文件夹。

图9-54 优选网切图的文件夹

9.5.5 搜索页和搜索结果页

搜索页和搜索结果页相对于首页的标注切图就少了很多。绝大部分内容是重复的，所以有些内容只需要标注一次就好，前端工程师明白就可以。只需将内容区域中的前端工程师难以书写的图标进行切图输出，如果有和首页一样的图标可以略过。

因为首页进行了布局层的标注，所以其余页面就

图9-53 "首页"标注

可以省略布局层的标注。搜索页和搜索结果页只需要标注当前页面的内容即可。图 9-55 所示为搜索页和搜索结果页的标注。

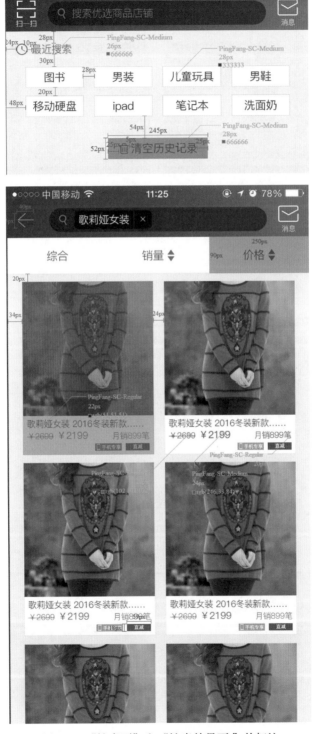

图 9-55　"搜索页"和"搜索结果页"的标注

9.5.6　其余页面

出于节省时间以及人力考虑,可以将其余类似页面使用"蓝湖"进行标注,图9-56所示为"蓝湖"官网。下载蓝湖PS或Sketch插件,通过插件上传设计图到蓝湖网站,点进设计图详情页可以自动获取标注信息。

图9-56　"蓝湖"官网

第10章

极速云盘项目

📑 **学习目标**

◆ 掌握项目设计需求，把控项目设计定位。
◆ 掌握项目的设计方法，能够依据原型图设计出统一风格的界面。

　　云盘作为一种专业的互联网存储工具，是互联网云技术的产物，它通过互联网为企业和个人提供了信息的存储、读取和下载等服务，具有安全稳定、海量存储的特点。然而在设计网络云盘界面时应该注意哪些问题？本章将以"极速云盘项目"为例，详细讲解 PC 端项目设计中应该掌握的设计方法和相关技巧。

10.1 ▶ 项目概述

在着手设计极速云盘项目之前，需要对这个项目进行前期调研，然后对获得的信息进行统计分析，这样做的目的是为项目提供参考依据，从而做出正确的决策。本节将对PC端极速云盘的项目设计进行讲解。

10.1.1 项目名称

极速云盘项目——文件储存类PC端设计。

10.1.2 项目定位

项目定位于面向个人用户的云盘存储服务，满足用户工作生活各类需求。云盘提供文件的存储、访问、备份、共享等文件管理等功能，用户可将云盘看成一个放在网络上的U盘。极速云盘致力于为用户提供更高效的使用体验，无论在功能上还是在设计上，都秉承着以用户为中心的原则，不断打磨每个细节。

10.1.3 竞品分析

在做项目之前，分析同类产品可以做到知己知彼。在做竞品分析时以主流的百度网盘云盘界面为例，从功能和设计角度进行分析。

1）功能

百度网盘在功能上都包含上传、下载、分享、私密空间、功能大全、注册和登录这些功能。

2）设计

百度网盘在界面布局上都以顶部放置功能分类，左侧为侧边栏，右侧为主功能区。风格上以扁平和微扁平为主，颜色以蓝色为主色调。

10.1.4 功能介绍

极速云盘的功能主要有以下几点。

1）超大空间

极速云盘为个人用户提供2T的免费初始容量空间，可供用户存储海量数据，满足日常所需。如果达到存放限制，用户还可以做任务对空间进行扩容。

2）快速上传

上传不限速，可进行批量操作，轻松便利。网络速度有多快上传速度就有多快。

3）文件预览

极速云盘支持常规格式的图片、音频、视频、文档文件的在线预览，无须下载文件到本地即可轻松查看文件。

4）自动备份

自动备份以便于在企业数据出现问题的时候，及时进行相应的恢复。

5）隐藏空间

隐藏空间中的文件目前仅能在云管家中查看，且不支持分享给好友。

10.2 原型分析

产品经理根据定位对项目进行分析之后，绘制原型图。UI 设计师会遵循绘制好的原型图进行设计优化，下面对极速云盘的原型图进行分析。

10.2.1 登录界面

登录界面的设计通常以最形象直接、易于理解的方式呈现在用户面前，只需将各种功能表述清晰即可。登录界面根据登录操作顺序可以分为 2 个阶段：登录前、登录中。登录界面布局划分由界面背景和内容区构成。

（1）界面背景：放置品牌 logo 和广告语信息。

（2）内容区：可放置文本框、按钮和注册等内容。在设计内容区时，需要设计出 2 个阶段的区别。

值得一提的是登录前文本框的设计要有提示账号输入和隐藏密码，然而在登录中就取消了文本框，换为了加载。按钮状态要与登录前有区别，登录界面原型图设计效果如图 10-1 所示。

图 10-1 登录界面原型图

10.2.2 主界面

主界面作为整个项目中最重要的界面，也是整个项目的门面担当。在设计时主界面布局划分要清晰明了。如主界面的布局从上至下分别由顶部导航、二级操作栏、侧边栏和主功能区等构成。图 10-2 所示为主界面原型图，主界面相对应的功能区域具体介绍如下：

（1）顶部导航：可放置品牌 logo，"我的网盘""隐藏空间""功能大全"三个主要功能图标，以及可存储空间大小的容量条，还有"最大化、最小化、关闭"按钮。选中状态需要将焦点选择"我的网盘"图标。

（2）二级操作栏：放置"上传""下载""离线下载""新建文件夹"等功能。

（3）辅助功能：放置"前进"和"后退"按钮、面包屑导航、搜索等。

（4）侧边栏：用于展示分类列表，如"图片""文档"等内容。

（5）主功能区：以放置内容为主。

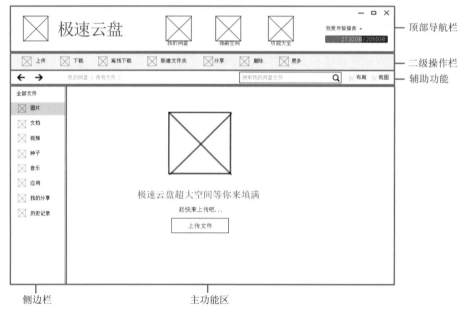

图 10-2　主界面原型图

针对主界面主功能区的内容分类，可大致划分为无内容和有内容两个显示效果，具体介绍如下：

（1）主功能区（无内容）可放置放大版的 logo、广告语和"上传文件"按钮，如图 10-2 所示。

（2）主功能区（有内容）可放置文件夹，并加以"上传文件"图标代表可以继续上传内容。并在界面下方边缘放置底边内容，图 10-3 所示为主界面（有内容）的原型图。

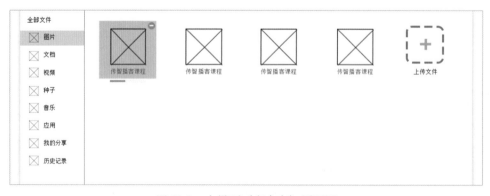

图 10-3　主界面（有内容）原型图

需要注意的是，当选中某一个"上传文件"图标，右键时会弹出一个菜单选项列表，用于放置一些常规属性，如图10-4所示。

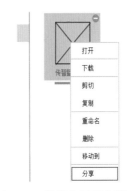

10.2.3　传输列表

传输列表主要用于文件的下载与上传，通常以在主界面叠加一层对话框的形式出现，这样做可以有效减少页面跳转，图10-5所示为传输列表原型图。

观察图10-5可以得出传输列表页面主要由标题栏、二级操作栏、内容区域构成，具体介绍如下。

图10-4　菜单选项列表原型图

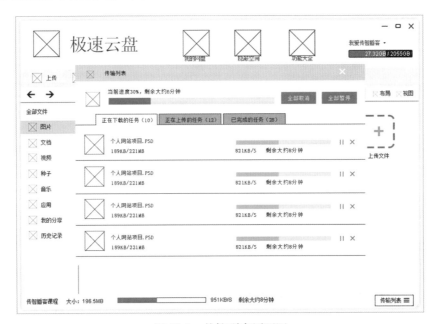

图10-5　传输列表原型图

（1）标题栏：左侧放置品牌logo和当前界面名称，右侧放置关闭按钮。

（2）二级操作栏：放置表明进度的进度条，"取消"按钮和"暂停"按钮。

（3）辅助功能：分为"正在下载的任务""正在上传的任务"和"已完成的任务"三个任务状态。

（4）内容区域：每一组既要有任务名称和下载速度、单个任务的进度条，同时也要包含暂停和取消的图标按钮。

10.2.4　分享窗口

当传输操作完成后，即会弹出分享窗口。分享窗口页面同样以在主界面叠加一层对话框的形式出现。在内容排版方面，只需将分享窗口内容进行合理排版即可。分享窗口原型图设计效果如图10-6所示。

（1）标题栏：左侧放置品牌logo和当前界面名称，右侧放置关闭按钮。

（2）二级操作栏：放置分享的两种状态，即"公开分享"和"私密分享"。

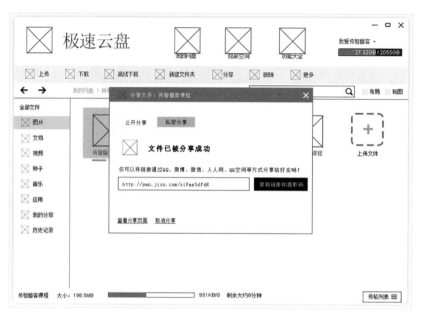

图10-6 分享窗口原型图

（3）主功能区：从上到下依次包含文件分享成功、广告语、文本框、链接按钮和取消分享等。

10.2.5 新建下载任务

新建下载任务和分享窗口页面大致相同，仅仅是主功能区内容的变化，依然是在主界面叠加一层对话框的形式出现。新建下载任务原型图设计效果如图10-7所示。

图10-7 新建下载任务

（1）标题栏：左侧放置品牌logo和当前界面名称，右侧放置关闭按钮。

（2）主功能区：从上到下依次包含文本框、保存路径按钮、开始下载按钮和底边内容。

10.2.6　锁定和验证码

锁定是为了保障账号安全，当用户离开操作时，锁定账户能够有效防止别人偷窥云盘资料。当需要解锁时，界面需要跳转到验证码页面进行验证。锁定原型图如图 10-8 所示，验证码的原型图如图 10-9 所示。

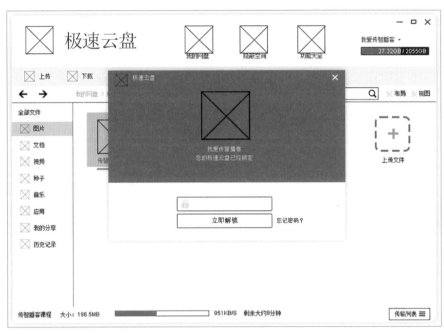

图 10-8　锁定原型图

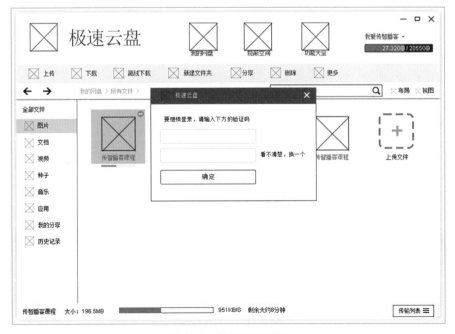

图 10-9　验证码原型图

1）锁定

（1）界面背景：上方左侧可放置品牌logo、右侧放置关闭按钮；下方放置用户名和广告语信息。

（2）内容区：可放置文本框、解锁按钮和忘记密码等内容。

2）验证码

（1）标题栏：左侧放置品牌logo和当前界面名称，右侧放置关闭按钮。

（2）内容区：可放置提示文本、文本框、验证码和确定按钮等内容。

10.2.7　隐藏空间

隐藏空间主要用于文件进行加密，加密的文件只有用户本人才可以看到，别人无法窃取。隐藏空间是对文件的二次保护，就算对方得知账户信息也无法查看隐私内容。隐藏空间原型图设计效果如图10-10所示。

图 10-10　隐藏空间原型图

（1）顶部导航：焦点需要切换为隐藏空间。

（2）辅助功能：面包屑导航也需更换为隐藏空间。

（3）主功能区：放置图标、广告语、启动按钮。

10.2.8　功能大全

功能大全主要是将主界面常用功能之外，其余不常用的功能归纳放置到一起。如手机忘带、数据线、自动备份、回收站、锁定云管家等功能。功能大全原型图设计效果如图10-11所示。

（1）顶部导航：焦点需要切换为功能大全。

（2）主功能区：放置图标加文字的功能内容模块。

图 10-11　功能大全原型图

10.3 项目设计定位

由于此项目以功能性为主，更重要的是能够为用户服务，所以在设计上要尽可能简洁，便于用户使用，减少用户发生错误操作的可能性。下面将从设计风格、颜色定位和设计规范三个方面做具体分析。

10.3.1　设计风格

本项目整体将采用扁平化的设计风格，去除过多的装饰，使整个界面呈现出简约感。在界面中通过背景色块来区别不同的功能区域，用文字搭配图标的形式，使用户能够轻松使用该软件。

10.3.2　颜色定位

界面设计以蓝色作为主色调，能够给人以科技感和冷静感。在界面中将采用同色系的渐变使界面更具设计感，图标加以蓝色的文字，使内容更易识别。图 10-12 列举了一些主要模块的颜色和相应的 16 进制颜色值。

#1189d5	云盘主体色
#41c811	云盘辅助色
#3e94cc	权重低文字
#337cac	权重中等文字
#256086	权重高等文字

图 10-12　颜色规范

10.3.3　尺寸和字体规范

在 PC 端界面设计中，界面尺寸设计不要超过常见的桌面大小（1366×768 像素），本项目将设计尺寸设定为 900×650 像素。字体选用最为常见的"微软雅黑"和"宋体"，避免用户因为字体缺失导致界面字体变化。

10.4 ▶ 极速云盘的设计优化

分析原型图之后，就要对界面进行优化设计。UI设计师依据原型图负责项目中图标、按钮等相关元素的设计与制作。下面对极速云盘项目的设计优化进行讲解。

10.4.1 启动图标

启动图标是打开应用软件的入口，设计时应选择最能代表云盘的图形符号，加以抽象化处理。启动图标的设计要着重考虑视觉冲击力，表现出软件的内涵。极速云盘启动图标的最终设计效果如图10-13所示。

1. 图标底座尺寸及背景

底座尺寸大小为512×512像素，圆角尺寸为80像素。底座采用灰色（RGB：196、196、196），并添加图层样式"内阴影"增加厚度。绘制矩形，填充色值并设置羽化值，具体参数设置如图10-14所示。以底座作为蒙版层，将矩形建立剪贴蒙版，表现出底座的光影关系。

图10-13 启动图标

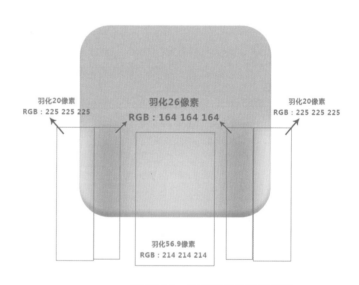

图10-14 绘制矩形并设置参数

将背景填充为深蓝色（RGB：12、100、209），设置尺寸大小为512×448像素，圆角尺寸为80像素的圆角矩形，设置投影距离参数为2像素的白色投影。再次绘制512×436像素，圆角尺寸为80像素，色值为蓝色（RGB：17、137、213）的圆角矩形，放置在底座上方，图标底座绘制完成。

2. 图标元素

图标元素为该项目的图像logo，根据设计需求图像logo中选择客户提供素材，可适当增强视觉美感并添加光影效果。

（1）形状：采用客户提供的素材文件"云基础图标.ai"中的图形，复制到 PS 画布中，粘贴方式选择"形状图层"，设置斜面浮雕和投影等效果。

（2）光感：填充白色到不透明度为 0 的径向渐变，并适当降低不透明度。

（3）装饰细节：使用椭圆工具绘制指示灯，并添加光效优化细节。

（4）文字：给文字添加"内阴影"和"投影"图层样式。

10.4.2　登录界面

登录界面需要提供账号密码验证的界面，有控制用户权限、记录用户行为，保护操作安全的作用。登录界面的设计效果如图 10-15 所示。

图 10-15　登录界面效果图

1. 界面背景

界面背景原型图与设计效果图对比及模块划分如图 10-16 所示。

图 10-16　界面背景对比效果

界面背景相对应的内容参数及操作如下所示。

① 界面背景：整体尺寸大小为 720×500 像素，背景为白色。蓝色界面背景高度为 210 像素，色值为蓝色（RGB：17、137、213）。

② logo：添加蓝色投影（RGB：12、112、175），不透明度为 35%、距离为 3 像素、大小为

7像素。使用白色柔边画笔点击logo中央,混合模式选"叠加",不透明度为32%。利用"镜头光晕"增加光效,图层混合模式选择"滤色"。

③ 背景文字：字体字号为60像素，字体为"造字工房悦圆"，白色（RGB：255、255、255），添加蓝色投影（RGB：12、112、175），不透明度为35%、距离为3像素、大小为7像素。

④ 广告语：字体字号为25像素，字体为"司马彦简行修正版"，白色（RGB：255、255、255），适度添加拱形效果，下画线为中间实两边虚。

⑤ 按钮："最小化、关闭"按钮，尺寸在12×12像素内进行绘制，描边为2像素，颜色为白色。

2. 内容区

内容区原型图与设计效果图对比及模块划分如图10-17所示。

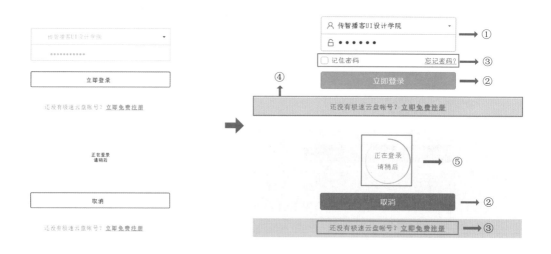

图 10-17　内容区对比效果

内容区各模块间的距离没有具体要求，设计师根据界面美观度自行调整，结合图10-17所示的结构划分。内容区相对应的内容参数及操作如下。

① 文本框:尺寸大小为360×92像素,圆角尺寸为5像素。描边为1像素,色值为灰色(RGB：153、153、153)。分割线1像素灰色（RGB：153、153、153），文字字号为18像素，字体为"新宋体 常规"。前方图标大小建议绘制24×24像素之内，灰色（RGB：153、153、153）。

② 按钮：高度一般为80像素，根据按钮不同状态更改相应的颜色背景，文字字号为20像素，字体为"微软雅黑"。

③ 辅助文字：字体字号为18像素，字体"新宋体 常规"，深灰色（RGB：102、102、102）。蓝色字体加粗，蓝色（RGB：17、137、213），并添加下画线。

④ 底部边框：高度为50像素，填充颜色为浅灰（RGB：205、207、208），上边缘处有1像素灰色（RGB：189、190、190）的分割线。

⑤ 加载：文字字体为"新宋体 常规"，字号为18像素，蓝色（RGB：17、137、213）。加载圈描边为2像素，渐变由蓝色到白色。

10.4.3 主界面

主界面是整个项目中所占比重属于重要的界面，关乎其余界面的制作。以原型图的布局方式为基础，主界面的最终设计效果如图10-18所示。

图 10-18 主界面效果图

1. 设计尺寸

常见的桌面大小尺寸为1366×768像素，主界面设计尺寸为900×650像素。

2. 顶部导航

顶部导航的尺寸为900×110像素，背景色为蓝色（RGB：17、137、213），一般放置品牌logo和主要功能入口，以及可储存空间大小的容量条。顶部导航原型图与设计效果图对比及模块划分如图10-19所示。

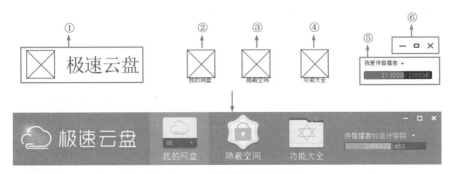

图 10-19 顶部导航对比效果

顶部导航相对应的内容参数及操作如下所示。

① 品牌 logo：拖放登录界面中的 logo 放置在顶部导航左侧，适当调整大小。

② 我的网盘：文字字号为18像素，字体为"新宋体 常规"，颜色为白色。图标以硬盘样式进行设计，尺寸大小为72×62像素，圆角为5像素矩形为底座，并将底座进行分割，填充不同颜色。在底座上放置云盘 logo，添加内阴影和投影，使其具有凹入感。适当添加细节完善图标，

最后给底座添加淡淡的投影。"我的网盘"选中状态，可直接绘制一个矩形124×110像素，色值为浅蓝（RGB：32、156、234）即可。

③ 隐蔽空间：底座以勾选平滑拐角和星形的内凹的六边形进行设计，复制一个进行等比缩小，并调整颜色和添加描边，最后给底座添加淡淡的投影。小图标以锁来隐喻隐藏空间，可使用形状工具中的圆角矩形进行绘制。

④ 功能大全：图标以文件夹样式进行设计，以圆角为3像素的圆角矩形进行绘制，使用"直接选择工具"进行调整形状，并适当添加细节装饰元素。

⑤ 存储容量条：文字字体为"新宋体 常规"，字体颜色为白色，字号为14像素。存储容量条圆角为2像素，尺寸为174×16像素，填充为群青（RGB：5、85、175），描边为钻蓝（RGB：8、76、152），并添加"内阴影"和"投影"效果。内部储存条复制一次，更改填充为绿色（RGB：65、200、17）。

⑥ 按钮："最小化、最大化、关闭"按钮，尺寸在12×12像素内进行绘制，描边为2像素，尺寸大小并没有绝对的要求，注意保持视差平衡即可。

3. 二级操作栏

二级操作栏原型图与设计效果图对比如图10-20所示。标签栏的尺寸为900×40像素，背景色为浅蓝色（RGB：209、236、252）。将二级操作栏沿水平方向划分为七部分，每一部分包含小图标和文字。图标与文字间的距离没有具体要求，调整到合适位置即可。

图10-20　二级操作栏对比效果

小图标的尺寸应绘制在32×32像素之内，文字字号为16像素，字体为"新宋体 常规"，颜色为普蓝（RGB：37、96、134），选中状态下即在下方多了一个选框。在二级操作栏下方边缘有1像素蓝色（RGB：190、218、236）的分割线和辅助功能进行区分。

4. 辅助功能

辅助功能原型图与设计效果图对比如图10-21所示。辅助功能的尺寸为900×40像素，背景色为浅蓝色（RGB：243、250、255）。主要放置"前进""后退"按钮、面包屑导航以及搜索等内容。图标间的距离没有具体要求，只需调整到合适位置即可。

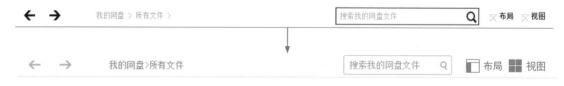

图10-21　辅助功能对比效果

小图标的尺寸应绘制为22×22像素之内，文字字号为14像素，字体为"新宋体 常规"，字体颜色可根据权重挑选为中等蓝色（RGB：51、124、172）。在下方边缘处有1像素蓝色（RGB：

190、218、236）的分割线。

5. 侧边栏

侧边栏原型图与设计对比图如图 10-22 所示。侧边栏的尺寸为 130×420 像素，背景色为白色。将侧边栏内容沿垂直方向划分为九部分，除了"全部文件"，其余部分均包含小图标和文字。图标与文字间的距离没有具体要求，调整到合适位置即可。

小图标的尺寸应绘制为 20×20 像素左右，文字字号为 14 像素，字体为"新宋体 常规"。字体颜色选择权重中等蓝色（RGB：51、124、172）。在右侧边缘有 1 像素蓝色（RGB：190、218、236）的分割线。

6. 主功能区

根据原型分析得出主功能区的内容区域可大致划分为无内容和有内容。

图 10-22 侧边栏对比效果

1）主功能区（无内容）

主功能区（无内容）的原型图与设计效果图对比以及模块划分如图 10-23 所示。

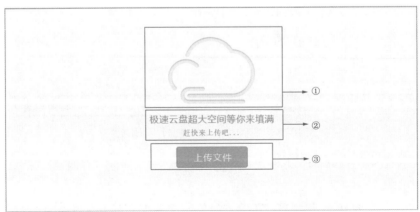

图 10-23 主功能区（无内容）对比效果

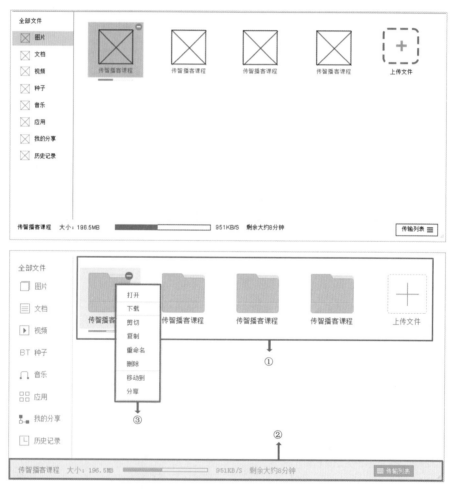

主功能区（无内容）各模块间的距离没有具体要求，根据界面美观度自行调整，结合图 10-21 所示的模块划分，相对应的内容参数及操作如下。

① 品牌 logo：直接将 logo 复制到界面上，删除光晕效果等图层。设置颜色为微蓝（RGB：210、236、252），添加"内阴影"图层样式。

② 广告语：上方文字字体为"微软雅黑"，字号 20 像素。下方文字为"新宋体 常规"，字号 16 像素。颜色均为天蓝（RGB：62、148、204）。

③ 按钮：按钮尺寸大小为 156×46 像素，填充色为绿色（RGB：65、200、17），描边 1 像素，描边色为深绿（RGB：46、148、10）。文字字号建议为 20 像素，字体为"微软雅黑"。

2）主功能区（有内容）

主功能区（有内容）原型图与设计效果图对比及模块划分如图 10-24 所示。

图 10-24　主功能区（有内容）对比效果

主功能区（有内容）结合图 10-24 所示的模块划分，主功能区（有内容）相对应的内容参数及操作如下所示。

① 主功能区（有内容）：使用形状工具进行绘制文件夹，在下方输入文件夹名称，文字字体为"新宋体 常规"，字号为 14 像素，颜色为棕色（RGB：93、76、25），间距可适当调整。并

可以添加细节进行绘制传输条和取消按钮。选中状态下即在下方多了一个选框，填充色为微蓝（RGB：210、236、252），描边色为天蓝（RGB：198、231、252）。而上传图标则可以使用虚线，中间为加号进行设计，下方文字颜色为深灰（RGB：102、102、102）。

②底边内容：底边尺寸为 900×40 像素，颜色为浅灰（RGB：234、234、234），上方边缘处有 1 像素蓝色（RGB：190、218、236）分割线。左侧放置输入正在进行传输的文件名称，文字字号为 14 像素，字体颜色选择权重低天蓝（RGB：62、148、204）。中间的进度条使用形状工具进行绘制，后方可加上传输速度和剩余时间。右侧按钮尺寸大小为 82×24 像素，文字字号为 12 像素，字体为"新宋体 常规"。间距无具体要求可根据界面美观度自行调整。

③菜单选项列表：菜单选项列表正常情况下是隐藏的，只有选中文件，进行右击后操作时才会显示。设计时可直接绘制矩形，尺寸为 90×238 像素，填充为白色，描边为蓝色（RGB：190、218、236），并添加投影体现出层次感。将文字内容沿垂直方向进行布局，字体为"新宋体 常规"，字号为 12 像素，字体颜色选择权重高等普蓝（RGB：37、96、134）。可使用 1 像素蓝色（RGB：190、218、236）分割线将文字内容按组进行划分，主界面（右键）原型图与设计效果图对比如图 10-25 所示。

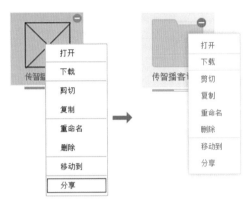

图 10-25　菜单选项列表对比效果

10.4.4　传输列表

传输列表主要是用于本地文件传输和云盘文件下载，以在主界面弹出一个对话框的形式出现。传输列表设计尺寸为 650×450 像素，并通过添加投影体现出层级感，最终设计效果如图 10-26 所示。

图 10-26　传输列表效果图

传输列表原型图与设计效果图对比及模块划分如图 10-27 所示。

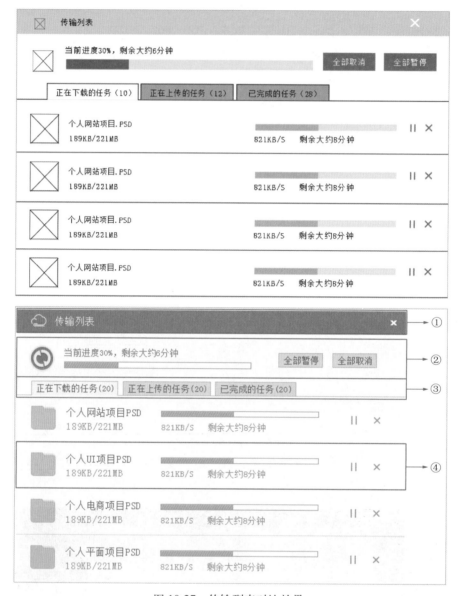

图 10-27　传输列表对比效果

传输列表相对应的内容操作如下。

① 标题栏：顶部导航尺寸大小为 650×40 像素，颜色为蓝色（RGB：17、137、213）。将品牌 logo 和该操作名称放置在标题栏左侧，然后适当调整大小。右侧放置"关闭"按钮。名称字体为"新宋体 常规"，字号为 16 像素。

② 总进度信息：左侧放置代表"加载"图标，中间放总进度条和总进度信息，右侧为"全部暂停"和"全部取消"按钮。文字字号为 14 像素，字体为"新宋体 常规"，字体颜色选择权重高等普蓝（RGB：37、96、134）。

③ 辅助功能：按钮尺寸大小为 147×24 像素，选中状态颜色为浅灰（RGB：238、242、

244），描边色为中灰（RGB：167、181、190）。未选中状态颜色为蓝灰（RGB：202、215、224）。文字字号为 14 像素，字体为"新宋体 常规"，字体颜色选择权重高等普蓝（RGB：37、96、134），间距无具体要求可根据界面美观度自行调整。

④ 下载任务：每列下载任务的尺寸大小为 650×77 像素，左侧放置代表"文件夹"图标，中间放任务的进度条和进度信息，右侧为"暂停"和"取消"按钮。字体均为"新宋体 常规"，大标题字号为 16 像素，字体颜色选择权重高等普蓝（RGB：37、96、134）。其余文字字号为 14 像素，字体颜色选择权重低天蓝（RGB：62、148、204）。下方边缘处有 1 像素蓝色（RGB：190、218、236）分割线进行划分。间距无具体要求可根据界面美观度自行调整。

10.4.5　分享窗口

分享窗口主要是文件分享给他人，一般分为两种方式来分享，一种是创建公开链接，另一种是创建私密链接。对于云盘中的两种分享窗口，仅仅是在内容区域有所区别。一些涉及隐私的内容大多数人希望私密分享，此处只设计私密分享窗口。点击创建私密链接会生成私密链接的网址和提取密码，发送给朋友进行分享。分享窗口设计尺寸为 560×310 像素，并通过添加投影体现出层次感。最终设计效果如图 10-28 所示。

图 10-28　私密分享窗口效果图

分享窗口原型图与设计效果图对比及模块划分如图 10-29 所示。

图 10-29　私密分享窗口对比效果

分享窗口相对应的内容操作如下所示。

①标题栏：尺寸大小为560×40像素，颜色为蓝色（RGB：17、137、213）。将品牌logo和该操作名称放置在标题栏左侧，适当调整大小。右侧放置"关闭"按钮。名称字体为"新宋体 常规"，字号为16像素。

②辅助功能：按钮尺寸大小为74×24像素，分为选中状态和未选中状态。选中状态色值为浅灰（RGB：238、242、244），未选中状态色值为蓝灰（RGB：202、215、224），描边色为中灰（RGB：167、181、190）。字体为"新宋体 常规"，字体颜色蓝色为（RGB：37、96、134）。间距无具体要求可适当调整。用1像素蓝色分割线和内容区进行划分。

③内容区：上方放置绿色对勾图标和操作成功的提示文字，文字字体为"新宋体 常规"，字号为16像素，颜色为绿色（RGB：65、200、17）。中间放广告语、文本框和按钮，文本框尺寸为364×36像素，按钮尺寸为138×36像素。字体为"新宋体 常规"，字号为14像素，颜色可根据权重进行选择。下方为"查看分享页面"和"取消分享"文字超链接，字体为"新宋体 常规"，字号为14像素，颜色为湖蓝（RGB：51、124、172），给文字超链接添加下画线。间距无具体要求可根据界面美观度自行调整。

10.4.6　新建下载任务

新建下载任务是一个下载功能，设计尺寸为560×266像素，并添加投影体现出层级感，最终设计效果如图10-30所示。

图10-30　新建任务效果图

新建下载任务原型图与设计效果图对比及模块划分如图10-31所示。

图10-31　新建下载任务对比效果

新建下载任务相对应的内容参数及操作如下所示。

① 标题栏：标题栏尺寸大小为 560×40 像素，颜色为蓝色（RGB：17、137、213）。将品牌 logo 和该操作名称放置在标题栏左侧，适当调整大小。右侧放置"关闭"按钮。名称字体为"新宋体 常规"，字号 16 像素。

② 内容区：上方放置提醒文字信息，文字字体为"新宋体 常规"，字号为 16 像素，颜色为湖蓝（RGB：51、124、172）。中间放广告语、文本框，文本框尺寸为 518×36 像素，内部文字字号为 14 像素，字体为"新宋体 常规"，颜色可根据权重进行选择。下方为提示性的文字和按钮，字体为"新宋体 常规"，字号为 16 像素，颜色为普蓝（RGB：37、96、134）。间距无具体要求可根据界面美观度自行调整。

③ 底边内容：底边内容尺寸大小为 560×40 像素，底色为浅灰（RGB：231、231、231），上边缘有 1 像素的蓝色分割线和内容区进行划分。文字字体为"新宋体 常规"，字号为 14 像素，颜色为湖蓝（RGB：51、124、172）。给"我要扩容"更改颜色红色（RGB：244、39、49）并添加下画线，适当调整间距即可。

10.4.7　锁定和验证码

锁定是为了可以保护用户离开计算机时资料不被窃取。极速云盘有一项自动锁定功能，类似于 QQ 的自动锁定一样。当界面锁定后，进行操作时则需要跳转到验证码页面进行解锁验证。锁定和验证码均以在主界面弹出一个对话框的形式出现，并通过添加投影体现出层级感，最终设计效果如图 10-32 所示。

图 10-32　锁定和验证码效果图

锁定界面尺寸为 560×448 像素，原型图与设计效果图对比及模块划分如图 10-33 所示。

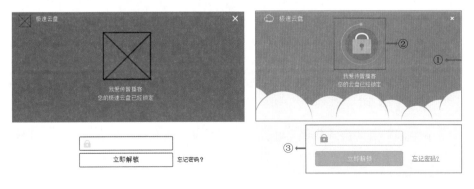

图 10-33　锁定对比效果

锁定界面相对应的内容参数及操作如下所示。

① 界面背景：界面背景高度为308像素，颜色为蓝色（RGB：17、137、213）。上方只需拖放调整好界面的logo、品牌名称和关闭按钮到该界面中。中间文字字体为"新宋体 常规"，字号为14像素，颜色为白色。下方云朵使用椭圆工具进行绘制，并利用内阴影绘制蓝色的间隔。最后以界面背景作为蒙版层，将"云朵"建立剪贴蒙版。

② 图标：图标可以复制顶部导航的"隐藏空间"的锁，更改锁把颜色为白色。底部绘制正圆并添加内阴影和投影图层样式，外环框选择浅蓝色，其中一个环为蓝色到浅蓝色的渐变。在外环框的头部增加一个小圆，颜色为青色（RGB:19、232、244），并添加蓝色到透明的"外发光"图层样式。

③ 内容区：内容区主要是文本框、按钮和提示性文字，文本框尺寸大小为238×40像素，圆角半径为5像素，描边色为（RGB：153、153、153）。按钮尺寸大小为238×40像素，文字字号为16像素，字体颜色为白色。提示性文字颜色普蓝（RGB：37、96、134），字体为"新宋体 常规"，字号为16像素。

验证码界面尺寸为400×266像素，原型图与设计效果图对比及模块划分如图10-34所示。

图10-34　验证码对比效果

验证码相对应的内容参数及操作如下所示。

① 标题栏：尺寸为400×40像素，颜色为蓝色（RGB：17、137、213）。将品牌logo和该操作名称放置在标题栏左侧,适当调整大小。右侧放置"关闭"按钮。名称字体为"新宋体 常规"，字号16像素。

② 内容区：内容区的提醒文字，文字字体为"新宋体 常规"，字号为14像素，字体颜色为湖蓝（RGB：51、124、172）。中间文本框尺寸为240×36像素，描边色为中灰（RGB：150、174、190）。按钮尺寸和文本框一样，填充色为绿色（RGB:65、200、17），描边色为深绿（RGB：46、148、10）。间距无具体要求可根据界面美观度自行调整。

10.4.8　隐藏空间

单击"隐藏空间"会切换到隐藏空间界面上，在设计隐藏空间界面时，其顶部导航、二级操作栏、辅助功能与主界面页基本相同，只需将获取焦点部分换到"隐藏空间"下方即可，最终设计效果如图10-35所示。

图 10-35 新建任务效果图

隐藏空间原型图与设计效果图对比及模块划分如图 10-36 所示。

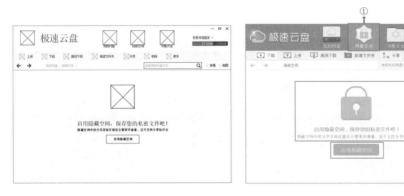

图 10-36 隐藏空间对比效果

隐藏空间相对应的内容参数及操作如下所示。

① 顶部导航：只需将焦点移动到"隐藏空间"后方。

② 图标和广告语：直接将顶部导航栏上的锁复制到界面上，并添加"内阴影"图层样式。广告语上方文字字体为"微软雅黑"，字号 20 像素。下方文字为"新宋体 常规"，字号 16 像素。字体颜色均为天蓝（RGB：62、148、204）。

③ 按钮：按钮尺寸大小为 186×46 像素，填充色为绿色（RGB：65、200、17），描边 1 像素，描边色为深绿（RGB：46、148、10）。文字大小建议为 20 像素，字体"微软雅黑"。

10.4.9 功能大全

点击极速云盘的"功能大全"入口，即可切换到功能大全界面。在设计功能大全界面时，其导航栏、二级操作栏、辅助功能与主界面基本相同，只需更改顶部导航的选中状态即可，最终设计效果如图 10-37 所示。

图 10-37　功能大全效果图

功能大全原型图与设计效果图对比如图 10-38 所示。

图 10-38　功能大全对比效果

功能大全相对应的内容参数及操作如下所示。

① 顶部导航：将焦点移动到"功能大全"后方。

② 辅助功能：将文字更改为"功能大全"。

③ 内容区域：内容区域的可直接拖放素材完成设计，和界面保持水平居中对齐即可。

10.5 ▸ 极速云盘的标注切图

界面设计优化完成后，通过评审后进入开发阶段时，需要对项目进行标注切图，下面对极速云盘项目的标注和切图进行讲解。

10.5.1　启动图标

在 Windows 操作系统中，单个图标的文件扩展名是 .ico，这种格式的图标可以在 Windows 操作系统中直接浏览。ico 格式要比 png 格式所占的内存小，缓存速度比较快，所以启动图标设计完成后，需要将图标转为 ico 格式。可通过在线网站 http://www.ico.la/ 进行转换，由于图标会被运用到尺寸不同的区域展示，所以图标需要多个尺寸如 128×128 像素、64×64 像素、48×48 像素、32×32 像素、16×16 像素的输出，图 10-39 所示为不同尺寸的启动图标。

图 10-39　不同尺寸的启动图标

10.5.2　主界面

主界面是整个设计中最关键的界面，整体界面布局基本一致，绝大部分需要的标注和切图几乎都在主界面上，其余相似的界面可以略过。

1. 标注

使用 PxCook 软件进行标注，先将界面的布局层进行标注。然后把内容区域按照模块先进行标注高度、间距高度和模块色值。最后才是细节部分的如文字大小、元素间距、颜色色值等的标注。重复的样式标一次就可以了，图 10-40 所示为主界面的标注。

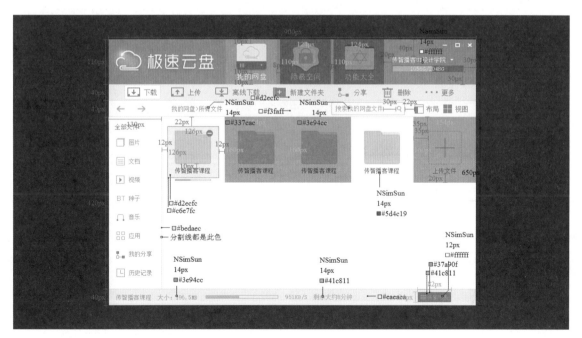

图 10-40　主界面（有内容）的标注

2. 切图

切图是为了更加精确地进行布局，方便前端工程师书写代码。但是在 PC 端中，可直接使用 Photoshop CC 软件中自带的切片工具进行切图。在 PC 端中，对界面中的静态图片进行切图。具体切图内容可以跟前端工程师进行沟通，以前端工程师方便书写的形式进行切图。比如二级操作栏和侧边栏的内容可以整体切出，也可将图标做成精灵图的形式。图 10-41 所示为主界面的切图，此处为了展示将切图全部放置在一起，并加了底色，实际中为单独的透底图。

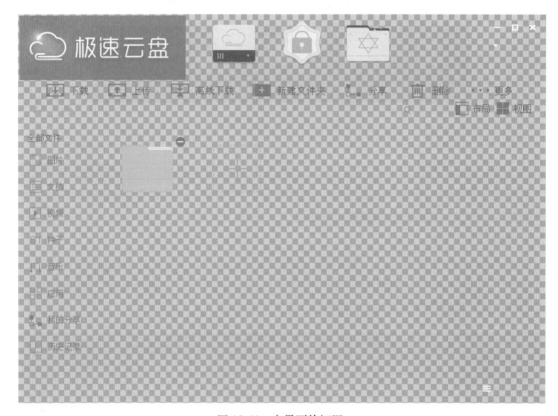

图 10-41　主界面的切图

10.5.3　传输列表和锁定

传输列表和锁定等相对于主界面的标注切图就少了很多。由于绝大部分内容是重复的，所以有些重复的内容可以直接略过。只需将此界面区域中的前端工程师难以书写的图标和背景图片进行切图。进度条是前端工程师用插件进行书写的，不需要切图。对于界面中需要进行标注的内容，只需要标注当前界面没有标注过的内容即可，图 10-42 所示为传输列表和锁定的标注。

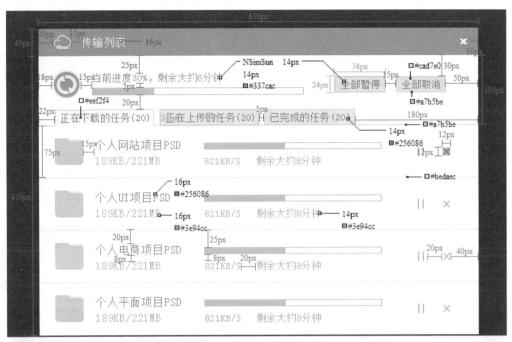

图 10-42 传输列表和锁定的标注

第11章

小米电视界面项目

学习目标

◆ 掌握项目设计需求，把控项目的设计定位。
◆ 掌握项目的设计方法，能够依据原型图设计出统一风格的界面。

随着科技发展，整个社会已经进入了一个智能时代。智能设备以其新颖的界面设计、便捷的交互功能、简单的操作体验征服了广大用户。然而在设计智能设备界面时应该注意哪些问题？本章将以"小米电视界面项目"为例，详细讲解多媒体终端项目设计中应该掌握的设计方法和相关技巧。

11.1▸ 项目概述

在着手设计小米电视界面项目之前，需要对智能电视屏幕尺寸、视距和使用场景进行思考。对整个项目进行前期深入分析与了解，对获取的信息进行剖析。本节将对多媒体终端小米电视界面项目的设计进行讲解。

11.1.1 认识智能电视

智能电视是指搭载了相应操作系统的一个全开放式平台，用户在欣赏普通电视内容的同时，可自行安装和卸载各类应用软件，并持续对功能进行扩充和升级的全新电视产品。其实智能电视的本质是一个软件、硬件、互联网服务一体化的互联网产品。

目前市场上绝大多数的智能电视尺寸一般大于 42 寸，其视距一般是 2.7~3.5 米之间，如图 11-1 所示。虽然智能电视的显示屏面积大，但是操作距离较远。所以在设计电视界面时交互图标不能太小，画面信息量也不能太多。

观看距离（m）	1.7	2	2.4	2.5	2.7	3	3.3
电视机尺寸	26	32	37	40	42	47	52

图 11-1 视距

11.1.2 智能电视设计特点

1. 高效的导航

很多用户在看电视时比较放松，喜欢以放松的姿态拿着遥控器操作电视。这种放松姿态决定了电视用户较为被动，与电视交互更多是作为信息的接收者，无法达到一种沉浸式的状态。所以需要高效的导航系统来帮助用户快速定位，并且预测出操作结果，图 11-2 红框标识为导航。

2. 清晰的焦点控制

智能电视屏幕上的焦点也是用户的视觉落点，PC 端和移动端设备上很多控件都具有很强的点击感，因此用户可以区别出控件和非控件元素。在电视平台上因为输入设备是基于遥控器设计，失去了控件常见的点击感觉，因此在设计时需要增添焦点控制表现效果，如图 11-3 所示。

图 11-2　导航

图 11-3　焦点控制

3. 色彩和分辨率

针对智能电视显示器的本身特性，在进行 UI 的视觉层面的设计中需要注意色彩和分辨率两个问题。

1）色彩

（1）尽量不要使用纯白色进行设计。因为纯白色在电视屏幕上会造成"颤动"，所以在设计时可采用颜色值为（RGB：241、241、241）或者（RGB：240、240、240）的象牙白进行替代。

（2）尽量不要使用高饱和度的颜色进行设计。因为高饱和度颜色会导致显示失真，并且在高饱和度颜色向低饱和度颜色过渡时会产生边缘模糊。

（3）尽量采用扁平化的设计，减少大范围渐变颜色的使用。因为大范围的渐变会导致显示界面出现带状显示，在电视屏幕上无法平滑过渡颜色。

（4）在界面边缘最好留出 10% 空隙，推荐 30~40 像素。避免发生电视显示屏独有的"过扫描（踩边）"现象。

（5）设计界面时，尽量使用深色背景配浅色文字，少用浅色背景配深色文字。

2）分辨率

目前智能电视的分辨率主要有 1 920×1 080 像素和 1 280×720 像素两种模式，在进行设计时最好采用高分辨率进行设计，在测试时选择使用低分辨率进行测试，可以更好地发现问题。图 11-4 所示为智能电视的色彩和分辨率。

图 11-4　色彩和分辨率

4．设计原则

针对智能电视界面设计，需要遵循以下几个原则来提高用户体验。

（1）避免展示过多内容信息，界面内容过多时会导致注意力分散。

（2）适当减少选项，给用户流畅的体验。

（3）用简单易懂的图形代替过多的文字。

（4）制作出"少"的错觉，利用布局营造空间大的视觉效果，让内容更简约。

（5）在设计布局的时候，尽量横向排版。

11.1.3　项目名称

小米电视界面项目——休闲娱乐类多媒体终端设计。

11.1.4　项目定位

随着科技日益发展，智能电视已成为互联网内容和社交媒体发布的重要组成部分。小米电视以品质为基石，不断创新技术、优化产品质量，务求给消费者带来高品质的视觉享受。

11.1.5　功能介绍

小米电视的功能主要有以下几点。

1）屏幕

小米电视主要使用 LED 背光液晶屏幕，显示屏具备 IPS 广视角、3D 硬屏、1920×1080 分辨率、178°广视角、不闪式 3D 等特性。

2）硬件配置

小米电视采用了高通 MPQ8064 四核 1.7G 处理器，Adreno 320 图形处理芯片，是全球最快的电视处理器。内存方面，采用了 2GB DDR3 RAM+8GBEMMC ROM 的组合。

3）主要功能

支持在线播放、本地播放、小米电视内还预置了丰富的游戏及应用，如豆瓣音乐、植物大战僵尸等，并将对开发者开放 API 接口，更多游戏与应用将随系统更新不断增加，使用户感受到比视频影音更丰富的娱乐体验。

11.2 ▶ 原型分析

拿到产品经理绘制好的原型图之后，UI设计师会遵循绘制好的原型图进行设计优化，下面对小米电视界面项目的原型图进行分析。

11.2.1 首页

首页界面版式要求整齐统一，尽可能在固定位置划分不同功能区域。界面布局划分由底部导航和主内容区等构成。设计布局的时候，将内容信息扁平铺开横向排版。

（1）底部导航栏：主要分为首页、热门搜索、影视分类、排行榜、我的应用、系统设置六部分，左侧放置品牌logo，选中状态的导航图标要与未选中状态需加以区分。

（2）内容区：从左到右可依次包含时间、天气、推荐影片、最近观看、我的收藏和我的通知六大模块。

首页原型图设计效果如图11-5所示。

图 11-5　首页原型图

11.2.2 热门推荐

热门推荐和首页界面版式基本一致，界面布局划分都是由底部导航和主内容区构成。布局形式依然横向排版。底部导航栏只需将选中状态换为"热门推荐"即可。内容区域左右两侧为"上一页"和"下一页"的箭头按钮，中间内容则以两点透视形式进行设计。热门推荐原型图设计效果如图11-6所示。

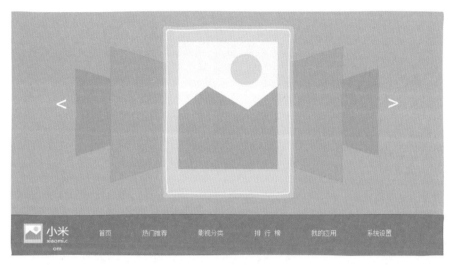

图 11-6　热门推荐原型图

11.2.3　影片详情

影片详情是点击热门推荐中的影片然后跳转到的详情界面，属于二级界面。界面主要以上下结构进行布局，上方左侧为一点透视的影片海报，右侧为影片名称、简介和播放返回按钮等与影片相关联的信息。下方为相关的其他影片推荐，左右两侧有箭头按钮，中间内容则以平铺的方式进行设计。影片详情原型图设计效果如图 11-7 所示。

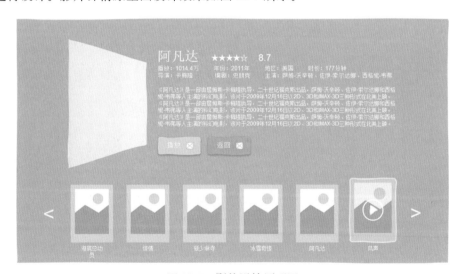

图 11-7　影片详情原型图

11.2.4　播放影片

播放影片是点击播放按钮后，跳转到播放影片界面。播放界面主要是播放影片，不仅包含着影片，还有播放状态、进度条、上一部和下一部、音量、影片时长等信息。播放影片原型图设计效果如图 11-8 所示。

图 11-8　播放影片原型图

11.2.5　影视分类

影视分类和首页共用底部导航栏，并在其导航栏上方多了一个二级导航栏，分类有最新、动作、爱情、喜剧、恐怖等，而且选中状态要与未选中状态加以区分。主内容布局形式依然横向排版，左右两侧有箭头按钮。影视分类原型图设计效果如图 11-9 所示。

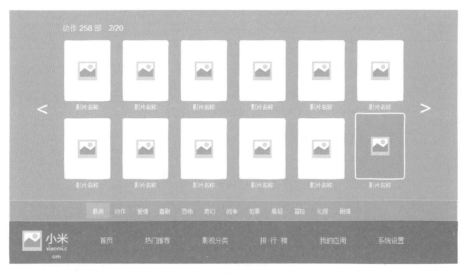

图 11-9　影视分类原型图

11.2.6　排行榜

排行榜界面设计与首页界面版式一致，共用底部导航栏。内容区以热播榜、收藏榜、好评榜、最新榜四个模块进行设计。将获得焦点的信息内容添加描边的图层样式，突出选中状态要与未选中状态的区分。排行榜原型图设计效果如图 11-10 所示。

图 11-10　排行榜原型图

11.2.7　系统设置

系统设置通常对智能电视有网络设置、网络诊断、画面缩放、节能设置、关于我们、位置天气、账号设置、系统升级八个模块的设置。将内容信息以两行四列形式排版，加以简单易懂的图形结合文字说明进行设计。系统设置原型图设计效果如图 11-11 所示。

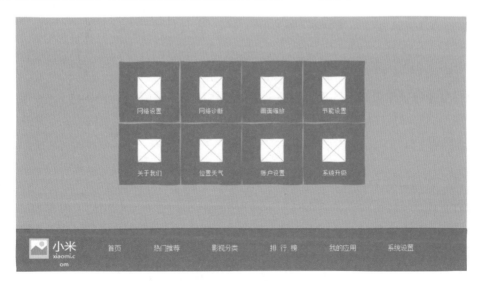

图 11-11　系统设置原型图

11.2.8　网络设置

网络设置属于二级操作页面,底部导航栏在此界面是不需要的。网络设置以列表式进行布局,内容区信息分为四行,并将内容的选中状态与未选中状态加以区分。网络设置原型图设计效果如图 11-12 所示。

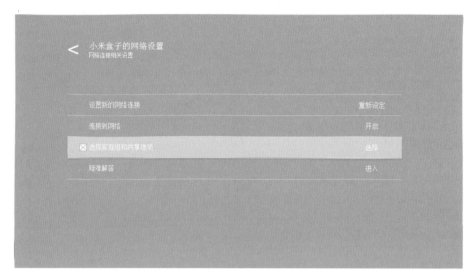

图 11-12　网络设置

11.3 项目设计定位

由于此项目以娱乐易用性为主，在界面设计时要尽可能简洁、清晰、富有空间感。在进行界面设计时先确定设计定位，统一风格可使界面更具整体感，突出设计主题。下面将从设计风格、颜色定位和字体大小选择三个方面做具体分析。

11.3.1　设计风格

本项目整体将采用微扁平的设计风格，界面整体让人感觉简洁、清晰明了。在界面中通过模块来区别不同的功能区域，并搭配图标将各部分内容以最简单和直接的方式呈现出来，减少用户的认知障碍。

11.3.2　颜色定位

本项目是针对多媒体终端进行设计，因此主色调选取深蓝色。整体给人以空间感，低明度的色彩能够很好地突出界面中的主体内容。同时深色可以防止浏览内容时眼睛疲劳，带给用户良好的体验。在设计电视界面时，使用浅蓝色的描边表现当前选中内容，整体色调让人感觉和谐统一。

11.3.3　字体大小选择

在电视界面设计中，字号应偏大些并使用简短的文案，保留足够的字间距和行间距。通常长段文字简介字体大小为 30 像素、标签栏字体大小为 40 像素，这样可以保证用户能够在正常视觉距离内看清楚文字。

11.4▸ 小米电视界面的设计优化

分析原型图之后，就要对界面进行优化设计。UI 设计师依据原型图负责项目中图标、按钮等相关元素的设计与制作。下面对小米电视界面项目的设计优化进行讲解。

11.4.1　启动页

启动页是在电视启动时简单的占位图，程序在运行时需要加载几秒钟的等待时间，作用是缓解用户焦躁的心理，通常选用能够给用户留下深刻印象的图像 logo、广告语作为启动页的内容。小米电视的启动页的最终设计效果如图 11-13 所示。

图 11-13　启动页

启动页以品牌 logo、广告语和加载进度组成，画面简单明了。采用深蓝色（RGB：2、8、62）作为界面背景的主色调，中间以白到不透明度为 0 的渐变，图层样式选"叠加"进行绘制光效效果。logo 选择客户提供的素材，需将纯白色更改为象牙白（RGB：241、241、241），放置到页面中央并适当调整大小即可。中间文字字体为"微软雅黑"，字号为 34 像素，颜色为象牙白（RGB：241、241、241）。加载进度小圆尺寸为 24×24 像素，颜色为象牙白（RGB：241、241、241），间距无具体要求。

11.4.2　首页

首页是启动页结束后进入系统看到的第一个页面，它的设计至关重要，决定了在用户心中留下的原始印象。界面布局选择了边距为 40 像素（避免发生"过扫描"现象）。按照原型图进行设计优化，最终设计效果图如图 11-14 所示。

1. 设计尺寸

智能电视的分辨率主要有 1 920×1 080 像素和 1 280×720 像素两种，在进行设计时最好采用高分辨率 1920×1080 像素。

图 11-14　首页效果图

2. 底部导航栏

底部导航栏的尺寸为 1920×180 像素，背景色为蓝色（RGB：2、9、56），一般放置品牌 logo 和主要功能入口。底部导航栏原型图与设计效果图对比及模块参数如图 11-15 所示。

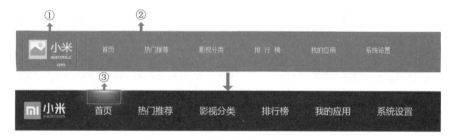

图 11-15　底部导航栏对比效果

底部导航栏相对应的内容参数及操作如下所示。

① 品牌 logo：打开客户提供的素材 logo，将纯白色更改为象牙白（RGB：241、241、241），放置在导航左侧并调整大小。

② 导航文字：文字大小 40 像素，字体为"微软雅黑"，字体颜色为象牙白（RGB：241、241、241）。将文字沿水平方向划分为六部分，间距相等，位置与底部导航栏垂直居中对齐。

③ 选择状态：使用"高光"效果表明选中状态，在导航上方边缘有 1 像素蓝色的分割线。

3. 内容区

首页背景和启动页背景均采用深蓝色（RGB：2、8、62）作为主色调，中间以白到不透明的渐变，图层样式选"叠加"绘制光效效果。内容区在设计布局时，将内容信息扁平铺开横向排版，将每个模块以文字加图标的形式进行设计。内容区原型图与设计效果图对比及模块划分如图 11-16 所示。

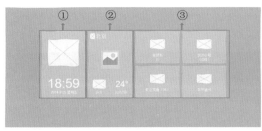

图 11-16　内容区对比效果

内容区相对应的内容参数及操作如下所示。

①时间：时间模块尺寸为 340×494 像素，圆角半径为 10 像素。填充色为群青（RGB：5、42、202），描边色为浅蓝色（RGB：11、92、226），描边宽度为 2 像素。在顶部边缘处绘制光效，并在模块内部以斜割的方式添加光感。内部元素以钟表寓意时间，中间文字字号 56 像素，字体为"Expansiva"，颜色为象牙白（RGB：241、241、241）。下方文字字号为 20 像素，左边字体为"Expansiva"，右边字体为"Adobe 黑体 Std R"。

②天气：天气模块和时间模块一样，仅仅是内部元素发生改变。拖放一张图片素材与模块建立剪贴蒙版，页面中文文字字号为 30 像素，字体为"微软雅黑"，颜色为象牙白（RGB：241、241、241）。并使用简单明确的图标结合文字一起，添加微弱的投影完善设计细节。

③其余小模块：小模块尺寸为 340×238 像素，填充色、描边色以及描边大小都与前两个模块一致。以文字加图标的形式进行设计，文字字号为 30 像素，字体为"微软雅黑"，颜色为象牙白（RGB：241、241、241）。在设计图标时，需要选择寓意明显的图标进行设计。

11.4.3　热门推荐

热门推荐的内容区以中间大两边逐步缩小的形式进行设计，表现出近实远虚的效果。中间选中的内容显示清晰，而未选中的则要适当降低不透明度。选中的内容需要焦点框来进行框选，底部导航"高光"则要选中热门推荐。小米电视的热门推荐页面最终设计效果如图 11-17 所示。

图 11-17　热门推荐效果图

热门推荐原型图与设计效果图对比及模块划分如图 11-18 所示。

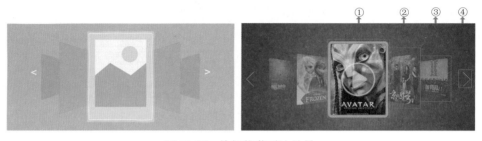

图 11-18　热门推荐对比效果

热门推荐相对应的内容参数及操作如下所示。

① 选中模块：选中模块的尺寸为 460×600 像素，圆角半径为 10 像素。填充色为群青（RGB：5、42、202），描边色为浅蓝（RGB：11、92、226），描边宽度为 4 像素。并添加"描边"图层样式，大小为 18 像素，颜色为（RGB：16、149、233）。拖放一张图片素材与模块建立剪贴蒙版，并绘制播放按钮图标，颜色为（RGB：241、241、241）。

② 未选中模块：未选中模块尺寸为 326×426 像素，圆角半径为 10 像素。填充色为群青（RGB：5、42、202），描边无。将不透明度设置为 60%，制作出透视角度并将宽度缩窄。拖放图片素材形成透视角度后宽度缩窄，并与模块建立剪贴蒙版。

③ 次级未选中模块：复制未选中模块，等比缩小，不透明度为 40%，同样拖放图片素材形成透视角度后宽度缩窄，并与模块建立剪贴蒙版。

④ 箭头按钮：绘制正方形，倾斜 45° 角，删除其中最左边的锚点。设置描边为 2 像素，端点为圆角，颜色为象牙白（RGB：241、241、241）。适当调整尺寸大小，位置放置在左右边缘 40 像素处。

11.4.4　影片详情

影片详情属于二级操作页面，将内容以分组的形式进行布局。使页面尽可能简洁、清晰、富有空间感。小米电视的影片详情页面最终设计效果如图 11-19 所示。

图 11-19　影片详情效果图

影片详情原型图与设计效果图对比及模块划分如图 11-20 所示。

图 11-20　影片详情对比效果

影片详情相对应的内容参数及操作如下所示。

① 影片海报：拖放图片素材形成透视角度后将宽度缩窄，并复制一层制作出镜面效果，使用蒙版使倒影由实到虚过渡自然，并降低不透明度为 37%。

② 名称和评分：字体均为"微软雅黑"，名称字号为 52 像素，颜色为象牙白（RGB：241、241、241）。评分以五角星和文字结合的方式进行设计，颜色为橘黄（RGB：230、120、23），文字字号为 54 像素。将最后一个五角星设置填充为无，描边为 2 像素。间距无具体要求，可适当调整。

③ 影片详情：影片详情的内容文字字体均为"微软雅黑"，上方字号为 34 像素，下方文字字号为 30 像素。灰色为（RGB：153、153、153），象牙白为（RGB：241、241、241）。

④ 按钮：尺寸大小为 220×86 像素，圆角半径为 10 像素。填充色为普蓝（RGB：3、45、141）到天蓝色（RGB：18、120、236）的 90°线性渐变，描边色为宝蓝色（RGB：9、71、211）到蔚蓝色（RGB：15、146、246）的 90°线性渐变，描边为 1 像素。按钮上下方叠加光效，将图标结合文字完善按钮。间距无具体要求，可适当调整。

⑤ 相关影片：模块尺寸大小为 220×270 像素，圆角尺寸为 10 像素。拖放一张图片素材与模块建立剪贴蒙版，下方文字字体为"微软雅黑"，字号为 36 像素，颜色为象牙白（RGB：241、241、241）。间距无具体要求，可适当调整。箭头按钮描边为 2 像素，端点为圆角，颜色为象牙白（RGB：241、241、241）。位置放置在左右边缘 40 像素处。

⑥ 选中影片：选中影片尺寸大小为 252×310 像素，圆角半径为 10 像素。填充色为群青（RGB：5、42、202），描边色为浅蓝（RGB：11、92、226），描边为 4 像素。并添加"描边"图层样式，大小为 6 像素，颜色为蔚蓝色（RGB：16、149、233）。拖放一张图片素材与模块建立剪贴蒙版，并绘制播放按钮图标，颜色为象牙白（RGB：241、241、241）。

11.4.5　播放影片

播放影片页面主要功能是播放影片，所以页面上以影片为主，页面其余元素更多是为了辅助播放影片而添加的。在播放页面正下方，通过矩形背景整齐的排列各种操作功能按钮，便于用户的快捷操作。在页面的左侧菜单，使用图标加文字的形式表现操作按钮，使页面不至于寡淡。

暂停状态相比播放状态在页面整体上添加了不透明度为30%的黑色，半透明的设计给人以大气、简单的感觉。播放影片最终设计效果如图11-21所示。

图 11-21 播放影片

播放影片原型图与设计效果图对比及模块划分如图11-22所示。

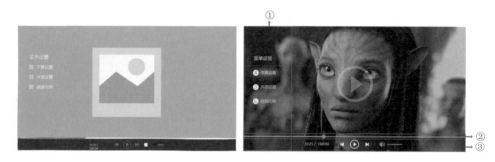

图 11-22 播放影片对比效果

播放影片相对应的内容参数及操作如下所示。

① 左侧菜单：菜单尺寸为462×1080像素，使用黑到不透明的线性渐变，角度为0°。文字字体为"微软雅黑"，标题文字为40像素，其余文字为34像素，颜色为象牙白（RGB：241、241、241）。小图标尺寸为50×50像素，内部元素颜色为钻蓝（RGB：4、59、192），选中状态为底部添加蓝色的光效。分割线为1像素，颜色为象牙白（RGB：241、241、241），最上方的分割线降低不透明度为60%，其余分割线为30%。

② 进度条：轨迹尺寸为1920×10像素，颜色为象牙白（RGB：241、241、241），降低不透明度为40%，进度尺寸为696×10像素，颜色为橘黄（RGB：230、120、23），滑块尺寸为26×26像素，颜色为橘黄（RGB：230、120、23），并添加"外发光"图层样式。

③ 底部导航：背景矩形尺寸为1920×130像素，颜色为黑色（RGB：0、0、0），降低不透明度为30%。左侧为总时间，字体为"微软雅黑"，字号为30像素，颜色为象牙白（RGB：

241、241、241)。中间为播放按钮,选择寓意明显的图标,可适当调整图标大小,中间播放按钮适当放大强调。右侧为音量,颜色为橘黄(RGB:230、120、23)。间距无具体要求,保持界面美观即可。

11.4.6　影视分类

影视分类涵盖了各种类型的影片,将影片筛选归档便于用户查找所需影片。将内容区分割处理成小块,这样更方便阅读,提高可读性。选中状态可将元素适当放大,小米电视的影片分类页面最终设计效果如图11-23所示。

图11-23　影视分类效果图

影视分类原型图与设计效果图对比及模块划分如图11-24所示。

图11-24　影视分类对比效果

影片分类相对应的内容参数及操作如下所示。

① 内容区:将内容以两行五列的形式进行布局,未选中的模块尺寸为194×264像素,选中模块则要适当扩大尺寸,填充色为群青(RGB:5、42、202),描边色为浅蓝(RGB:11、92、226),描边宽度为4像素。并添加"描边"图层样式,大小为6像素,颜色为蔚蓝(RGB:16、149、233)。而模块下方文字字体为"微软雅黑",字号为30像素,颜色为象牙白(RGB:241、241、241)。箭头按钮可拖放"热门推荐"页面中的相同元素,位置放置在左右边缘40像素处。

标题文字字号为 32 像素,字体为"微软雅黑"。将此页页码用橘色(RGB:20、120、23)着重强调。

② 二级操作栏:二级操作栏的尺寸为 1920×78 像素,背景色为浅蓝色(RGB:16、37、166)。上方边缘有 1 像素的分割线,颜色为象牙白(RGB:241、241、241),图层混合模式选"叠加",降低不透明度为 20%。将二级操作栏内容沿水平方向划分为十二份,文字间距相等。获取焦点尺寸为 112×60 像素,圆角半径为 5 像素,填充色深蓝(RGB:16、74、205),描边色为浅蓝(RGB:14、150、220),描边为 1 像素。

③ 底部导航栏:底部导航栏和其余界面共用,只需将底部导航的"高光"选中影视分类即可。

11.4.7　排行榜

在设计排行榜时,突出表现页面中的信息内容,将选中的信息内容以获得焦点的形式表现,并可通过焦点框变换位置来给用户反馈。下方加以镜面倒影,使整体更具空间感。小米电视的排行榜页面最终设计效果如图 11-25 所示。

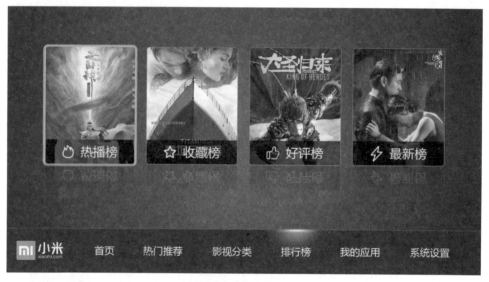

图 11-25　排行榜效果图

排行榜原型图与设计效果图对比及模块划分如图 11-26 所示。

图 11-26　排行榜对比效果

排行榜相对应的内容参数及操作如下所示。

① 内容区：内容区域以一行四列的形式进行布局，模块尺寸为 366×474 像素，模块上方覆盖一层不透明度为 80% 的黑色，尺寸为 366×98 像素的矩形。而内部元素可选择寓意明显的图标，文字字体为"微软雅黑"，字号为 50 像素，以图标加文字的形式说明不同模块的名称。倒影则用蒙版让倒影由实到虚过渡自然，并降低不透明度为 50%。

② 底部导航栏：底部导航栏和其余界面共用，只需将底部导航的"高光"选中排行榜即可。

11.4.8　系统设置

系统设置与首页设计很接近，都是将内容信息扁平铺开横向排版，将每个模块以文字加图标的形式进行设计。系统设置界面需要做到整体结构清晰，使用户都能够将关注的重点放在内容信息上。在系统设置页面中，选中状态的常用方法是添加"外发光"图层样式。系统设置效果图如图 11-27 所示。

图 11-27　系统设置效果图

系统设置原型图与设计效果图对比及模块划分如图 11-28 所示。

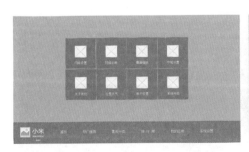

图 11-28　系统设置对比效果

系统设置相对应的内容参数及操作如下所示。

① 内容区：将内容以两行四列的形式进行布局，模块尺寸为 340×238 像素，圆角半径为 10 像素。填充色为群青（RGB：5、42、202），描边色为浅蓝（RGB：11、92、226），描边为 2 像素。而模块内部元素可选择寓意明显的图标，文字字体为"微软雅黑"，字号为 30 像素，颜色为象牙白（RGB：241、241、241）。

② 选中模块：选中模块只需更改填充色为天蓝（RGB：5、102、202），描边色为蔚蓝（RGB：58、178、240），描边为 4 像素。内部元素全部添加"外发光"图层样式。

③ 底部导航栏：底部导航栏和其余界面共用，只需将底部导航的"高光"选中系统设置即可。

11.4.9　网络设置

网络设置以列表式进行布局，将内容区信息分为四行。内容信息要将选中状态与未选中状态加以区分，将当前用户选中的内容信息突出显示处理，从而使用户能够更加清楚选中当前哪一内容，网络设置效果图如图 11-29 所示。

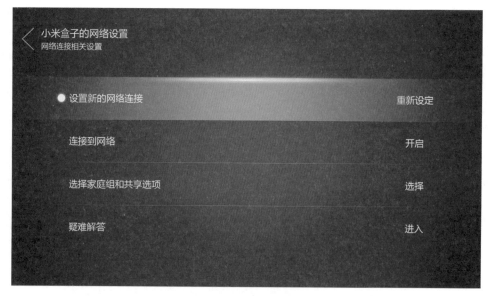

图 11-29　网络设置效果图

网络设置原型图与设计效果图对比及模块划分如图 11-30 所示。

图 11-30　网络设置对比效果

网络设置相对应的内容参数及操作如下所示。

① 标题：文字字体为"微软雅黑"，颜色为象牙白（RGB：241、241、241）。上方文字字号为 38 像素，下方文字字号为 30 像素。左侧为返回箭头。

② 未选中状态：文字为字体为"微软雅黑"，颜色为象牙白（RGB：241、241、241），字号为 36 像素。分割线同样为中间实两边虚 1 像素的蓝色线条。

③ 选中状态：选中状态背景底框尺寸为 1840×166 像素，并将蓝色背景底框添加蒙版，使用"黑—白—黑"的渐变制作出中间实两边虚的效果，并在底框上方边缘绘制光效效果。在文字前方绘制一个正圆并添加蓝色的"外发光"图层样式。

11.5　小米电视界面项目的标注切图

当设计通过评审进入开发阶段，接下来的主要工作就是标注和切图，下面对小米电视界面项目的标注和切图进行讲解。

11.5.1　启动页

启动页是由径向渐变背景、品牌 logo 和加载进度组成，切图有两种方法。一是仅仅将品牌 logo 切出，此时，前端工程师的工作量会稍微大一些，因为背景色要通过代码实现；二是将背景和品牌 logo 单独切出，此时，需要适当压缩背景图片。可使用 Photoshop 软件自带的功能压缩文件大小，也可以使用 TinyPNG 图片压缩网站降低文件大小。由于加载进度是动态的，前端工程师会用插件进行书写，不需要切图。

11.5.2　首页

首页作为进入多媒体终端看见的第一个页面，需要尽可能详细地标注，方便前端工程师建立页面样式规范。由于整体布局基本一致，一些共用的元素可以直接在首页上进行切图。

1. 标注

使用 PxCook 软件进行标注，先将界面的布局层进行标注。再将内容区域按照模块进行标注高度、间距高度和模块色值。最后才是细节部分的，如文字大小、元素间距、颜色色值等的标注。重复的样式标一次即可，图 11-31 所示为首页的标注。

2. 切图

切图需要将界面中代码难以书写的部分剪切下来，保存为图片，作为前端工程师书写代码时的素材。在多媒体终端中，可直接使用 Photoshop CC 软件中自带的切片工具进行切图。而且只需对界面中的静态图片进行切图。具体切图内容可以跟前端工程师进行沟通，以前端工程师的需求进行切图。图 11-32 所示为首页的切图，此处为了展示将切图全部放置在一起，实际中为单独的透底图。

图 11-31　首页的标注

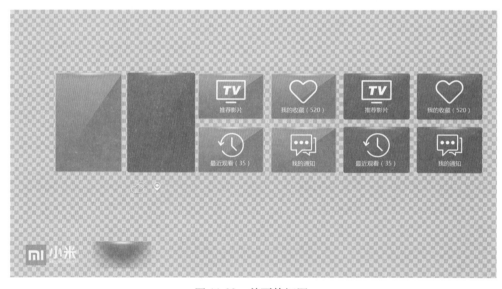

图 11-32　首页的切图

11.5.3　影片详情和播放影片

对于影片详情界面以及播放影片界面，和首页的信息基本没有重复，所以标注的信息还是要全面一些，对于界面中需要切图的内容则不需要标注。而播放影片中的需要切图的部分仅仅是左侧菜单的图标和光斑，其余前端工程师均可用代码书写，不需要切图。图 11-33 所示为影片详情和播放影片的标注，图 11-34 所示为两个页面中的切图，此处为了展示将切图全部放置在一起，实际中为单独的透底图。

图11-33 影片详情和播放影片的标注

图11-34 影片详情和播放影片的切图

11.5.4　热门推荐、影视分类和排行榜

热门推荐、影片分类、排行榜页面的布局一致，都是以底部导航和内容区组成。标注仅需要标注内容区的间距即可。页面中需要切图的部分把内容区的影片图片全部切出。图 11-35 所示为三个页面的的切图，此处为了展示将切图全部放置在一起，实际中为单独的透底图。

图 11-35　热门推荐、影视分类和排行榜的切图

11.5.5　系统设置和网络设置

系统设置和网络设置上的标注仅需标注内容的间距等，切图相对于其余页面就少了很多。为了减少前端工程师的工作量，系统设置的切图将选中和默认态两种状态的图标加背景一起切出，而网络设置页面中可将固定不动的内容同背景整体切出。图 11-36 所示为系统设置和网络设置的切图，此处为了展示将切图全部放置在一起，实际中为单独的透底图。

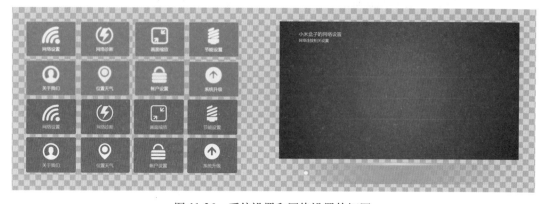

图 11-36　系统设置和网络设置的切图